互联网口述历史
第 1 辑
英雄创世记

02

人生如登山
不弃则登顶

全吉男

Kilnam Chon

主编
方兴东

中信出版集团 | 北京

图书在版编目（CIP）数据

全吉男：人生如登山 不弃则登顶 / 方兴东主编
. -- 北京：中信出版社, 2021.4
（互联网口述历史. 第1辑, 英雄创世记）
ISBN 978-7-5217-1313-8

Ⅰ. ①全… Ⅱ. ①方… Ⅲ. ①互联网络－普及读物②全吉男－访问记 Ⅳ. ①TP393.4-49②K833.126.616

中国版本图书馆CIP数据核字(2019)第294738号

全吉男：人生如登山 不弃则登顶
（互联网口述历史第 1 辑・英雄创世记）

主 编：方兴东
出版发行：中信出版集团股份有限公司
（北京市朝阳区惠新东街甲4号富盛大厦2座 邮编 100029）
承 印 者：北京诚信伟业印刷有限公司

开 本：787mm×1092mm 1/32 印 张：5 字 数：76千字
版 次：2021年4月第1版 印 次：2021年4月第1次印刷
书 号：ISBN 978-7-5217-1313-8
定 价：256.00元（全8册）

Hope you can come up with good interviews with collaboration of others in Asia, North America, Europe, and others. Let me know if you need any support on this matter. Good luck on these important topics.

2017.12.5

Chon Kilnam

全吉男

希望你们能够与亚洲、北美、欧洲及其他地方的人合作，进行更多的优秀采访。如果需要我的支持，请与我联系。预祝项目进展顺利。

2017年12月5日

全吉男

全吉男为“互联网口述历史”项目写寄语

互联网口述历史团队

学 术 支 持：浙江大学传媒与国际文化学院

学术委员会主席：曼纽尔·卡斯特（Manuel Castells）

主　　编：方兴东

编　　委：倪光南　熊澄宇　田　涛　王重鸣　吴　飞　徐忠良

访 谈 策 划：方兴东

主 要 访 谈：方兴东　钟　布

战 略 合 作：高忆宁　马　杰　任喜霞

整 理 编 辑：李宇泽　彭筱军　朱晓旋　吴雪琴　于金琳

访 谈 组：范媛媛　杜运洪

研 究 支 持：钟祥铭　严　峰　钱　竑

技 术 支 持：胡炳妍　唐启胤

传 播 支 持：李　可　张雅琪

牵 头 执 行：

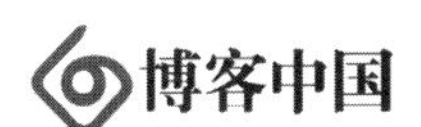

学术支持单位：

浙江大学社会治理研究院

互联网与社会研究院

特 别 致 谢：

本项目为 2018 年度国家社科基金重大项目“全球互联网 50 年发展历程、规律和趋势的口述史研究”（项目编号：18ZDA319）的阶段性成果。

目 录

总序 人类数字文明缔造者群像 III

前言 VII

人物生平 XI

第一次访谈 001

第二次访谈 063

全吉男访谈手记 121

生平大事记 129

“互联网口述历史”项目致谢名单 135

致读者 139

总序　人类数字文明缔造者群像

方兴东

“互联网口述历史”项目发起人

新冠疫情下，数字时代加速到来。要真正迎接数字文明，我们既要站在世界看互联网，更要观往知来。1994 年，中国正式接入互联网，至那一年，互联网已经整整发展了 25 年。也就是说，我们中国缺席了互联网 50 年的前半程。这也是“互联网口述历史”项目的重要触动点之一。

“互联网口述历史”项目从 2007 年正式启动以来，到 2019 年互联网诞生 50 周年之际，完成了访谈全球 500 位互联网先驱和关键人物的第一阶段目标，覆盖了 50 多个国家和地区，基本上涵盖了互联网的全球面貌。2020 年，我们开始进入第二阶段，除了继续访谈，扩大至更多的国家和地区，我们更多的精力将集中在访谈成果的陆续整理上，图书出版就是其中的成果之一。

通过口述历史，我们可以清晰地感受到：互联网是冷战的产物，是时代的产物，是技术的产物，是美国上升期的产物，更是人类进步的必然。但是，通过对世界各国互联网先驱的访谈，我们可以明确地说，互联网并不是美国给各国的礼物。每一个国家都有自己的互联网英雄，都有自己的互联网故事，都是自己内在的需要和各方力量共同推动了本国互联网的诞生和发展。因为，互联网真正的驱动力，来自人类互联的本性。人类渴望互联，信息渴望互联，机器渴望互联，技术渴望互联，互联驱动一切。而 50 年来，几乎所有的互联网先驱，其内在的驱动力都是期望通过自己的努力，促进互联，改变世界，让人类更美好。这就是互联网真正的初心！

互联网是全球学术共同体的产物，无论过去、现在还是将来，都是科学世界集体智慧的成果。50 余年来，各国诸多不为名利、持续研究创新的互联网先驱，秉承人类共同的科学精神，也就是自由、平等、开放、共享、创新等核心价值观，推动着互联网不断发展。科学精神既是网络文化的根基，也是互联网发展的根基，更是数字时代价值观的基石。而我们日常所见的商业部分，只是互联网浮出水面的冰山一角。互联网 50 年的成功是技术创新、商业创新和制度创新三者良性协调联动的结果。

可以说，由于科学精神的庇护和保驾，互联网50年发展顺风顺水。互联网的成功，既是科学和技术的必然，也是政治和制度的偶然。互联网非常幸运，冷战催生了互联网，而互联网的爆发又恰逢冷战的结束。过去50年，人类度过了全球化最好的年代。但是，随着以美国政府为代表的政治力量的强势干预，以互联网超级平台为代表的商业力量开始富可敌国、势可敌国，我们访谈过的几乎所有互联网先驱，都认为今天互联网巨头的很多作为，已经背离互联网的初心。他们对互联网的现状和未来深表担忧。在政治和商业强势力量的主导下，缔造互联网的科学精神会不会继续被边缘化？如果失去了科学精神这个最根本的守护神，下一个50年互联网还能不能延续过去的好运气，整个人类的发展还能不能继续保持好运气？这无疑是对每一个国家、每一个人的拷问！

中国是互联网的后来者，并且逐渐后来居上。但中国在发展好和利用好互联网之外，能为世界互联网做什么贡献？尤其是作为全球最重要的公共物品，除了重商主义主导的商业成功，中国能为全球互联网做出什么独特的贡献？也就是说，中国能为全球互联网提供什么样的公共物品？这一问题，既是回答世界对我们的期望，也是我们自己对自己的拷问。“互联网口述历史”项目之所以能够得到全世界各界的大力支持，并产生世界范围的影响，极重要的原因之一就是这个项目首先是一个真正的公共物品，能够激发全球互联网共同的兴趣、共同的思考，对每一个国家都有意义和价值。通过挖掘和整理互联网历史上最关键人物的历史、事迹和思想，为全球互联网的发展贡献微薄之力，是我们这个项目最根本的宗旨，也是我们渴望达到的目标。

前　言

全吉男 (Kilnam Chon)，虽年逾古稀，却依旧神采奕奕、精力充沛。他出生在日本，学成于美国，报效于韩国，尽己所能为自己的祖国和亚洲的互联网事业奉献了一生的智慧和才华。最后，他超越了国籍和地域的局囿，成为一名世界公民。

他虽然与创建阿帕网[①] 的多位大咖——温顿 · 瑟夫[②]、斯

① 阿帕网（ARPAnet），20 世纪 80 年代的美国网络不叫互联网，而叫阿帕网。所谓“阿帕”（ARPA），是美国高级研究计划局（Advanced Research Project Agency）的简称。其核心机构之一信息处理技术办公室（IPTO）一直在关注电脑图形、网络通信、超级计算机等研究课题。阿帕网是美国高级研究计划局开发的世界上第一个运营的封包交换网络，它是全球互联网的始祖。

② 温顿 · 瑟夫（Vinton G. Cerf），又译文顿 · 瑟夫，是公认的“互联网之父”之一，谷歌副总裁兼首席互联网专家。互联网基础协议 TCP/IP 和互联网架构的联合设计者之一，互联网奠基人之一。2012 年入选国际互联网名人堂。

蒂芬 · 克罗克[①]、 乔恩 · 波斯特尔[②]是加州大学洛杉矶分校的研究生同学，还上过伦纳德 · 克兰罗克[③]的课，却没有参与过互联网的前身——阿帕网的建设工作。

1982 年 5 月 15 日，他学成回到韩国，帮助开发了首尔大学和韩国电子与电信研究所之间的互联网系统，使得韩国成为继美国之后，世界上第二个连接互联网的国家。由于这些伟大的成就，他被誉为“韩国互联网之父”，也是韩国科学技术院[④]的终身荣誉教授。

全吉男不仅积极投身于韩国互联网的建设，还特别关

---

① 斯蒂芬 · 克罗克（Stephen Crocker），1944 年出生，早期互联网标准的制定者，组建了国际网络工程小组（INWG），也就是国际互联网工程任务组（IETF）的前身。也是 RFC（征求修正意见书）系列备忘录的开发者，RFC 被用来记录和分享协议的开发设计。他还是互联网名称与数字地址分配机构董事会前主席。2012 年入选国际互联网名人堂。

② 乔恩 · 波斯特尔（Jon Postel），1943 年出生，发明互联网的功臣之一，协议发明大师，互联网数字分配机构（IANA）创始人。1998 年逝世。

③ 伦纳德 · 克兰罗克（Leonard Kleinrock），1934 年出生，美国工程师和计算机科学家，加州大学洛杉矶分校工程与应用科学学院计算机科学教授，排队论早期研究者之一，奠定了分组交换基础，也是公认的“互联网之父”之一。2012 年入选国际互联网名人堂。

④ 韩国科学技术院（Korea Advanced Institute of Science and Technology，缩写为 KAIST），也称韩科院、韩国科技院等。建于 1971 年，是坐落在韩国大田广域市的一所公立研究型大学，KAIST 拥有具备国际水准的教育和研发设施，实施学士、硕士和博士连读制度。

注海外互联网的发展。他与中国在互联网方面的合作已有20多年，还曾两度前往非洲，为当地国家解决网络之间互联的协议标准、信息安全等领域的问题。全吉男是亚洲在全球网络治理领域最活跃的先驱性人物，在全球比较有影响的100多个网络治理机构中，他牵头和参与发起的就有15个，并在多个机构中担任创始主席职务，包括太平洋计算机通信研讨会①、亚太网络工作组②等。全吉男认为，未来5到10年，将有超过50%的互联网人口是亚洲人，所以亚洲必须有50%的贡献，才能更好地促进互联网发展。在互联网治理和技术方面，亚洲必须领先。

由于全吉男在互联网领域的突出贡献，他曾先后获得韩国年度科学家奖、韩国总统奖、世界技术奖（由世界技术网络组织颁发）、乔纳森·波斯塔尔奖（由国际互联网

---

① 太平洋计算机通信研讨会（Pacific Computer Communications Symposium），1985年在韩国首尔召开，由全吉男发起，这是世界上第一次全球互联网会议。

② 亚太网络工作组（Asia Pacific Networking Group，缩写为APNG），1991年由全吉男创立，该组织的唯一目的是推进亚太地区的网络建设。

协会颁发）等荣誉，并于2012年入选国际互联网名人堂[1]。

全吉男不仅在互联网事业方面成就卓著，而且兴趣广泛，喜欢登山、游泳、滑雪等运动，还喜欢阅读。他酷爱登山，将登山视为第二终身职业，在攻读博士学位之前，他差点成为一名专业的登山队员。

人生如登山，不弃则登顶。而只有登顶，才能够“会当凌绝顶，一览众山小”。我想全吉男是爱极了挑战，爱极了攀越一座座有形的高山和无形的技术难题的大山所带来的那种挑战人的生理和心理极限的征服感、满足感和成就感。

在“互联网口述历史”项目访谈过程中，全吉男非常认可我们的工作，主动表示接下来要和我们合作，会全力支持我们进一步深入开展工作，事实上他也非常给力，帮助我们联系了很多互联网先驱。

“互联网口述历史”项目要赢得世界更多的尊敬和支持，全吉男的支持是非常难得的助力。愿我们带着互联网先驱的思想精华和人生启迪，一起攀上这座互联网口述历史的高峰！

---

① 国际互联网名人堂（Internet Hall of Fame），又译网络名人堂、互联网名人堂，是始于2012年的荣誉奖项，由国际互联网协会进行提名征选，以表彰对互联网的发展做出伟大贡献的人。

人物生平

全吉男，生于日本的韩国计算机科学家，研究领域包括互联网、系统工程和人机交互。其主要贡献是使韩国继美国之后，成为世界上第二个连接互联网的国家。1965 年，获得大阪大学电机工程学学士学位。1974 年获加州大学洛杉矶分校系统工程博士学位。

1982 年 5 月 15 日，他帮助开发了首尔大学和韩国电子与电信研究所之间的互联网系统。因此，他被称为“韩国互联网之父”。

从 20 世纪 80 年代开始，他创立了包括亚太网络工作组、亚太地区先进网络协会[①]、亚太地区顶级域名协会（APTLD）和洲际研究网络协调委员会（CCIRN）等在内的15个互联网组织，对全球网络互联做出了卓越贡献。同时，他还是韩国第一家互联网公司Inet的创始人，他指导的系统架构实验室培养了许多人才和企业家。

2012年4月23日，他入选国际互联网协会国际互联网名人堂的"全球互联者"。2017年，担任名人堂顾问委员会成员。

---

① 亚太地区先进网络协会（Asia Pacific Advanced Network，缩写为APAN），作为亚太地区一个非营利性国际性协会，旨在研发具有先进应用和服务功能的高性能网络，为科研机构提供一流的互联网环境，促进国际协作。

第一次访谈

访 谈 者：方兴东、钟布

日　　期：2017年12月5日

地　　点：世界互联网大会/浙江乌镇

访谈者：十分感谢您。我想先介绍一下我们的“互联网口述历史”项目。这个项目于2007年启动。

全吉男：2007年，10年了。

访谈者：是的，到目前已经10年了。

全吉男：了不起啊。

访谈者：一开始我们主要集中在中国国内，2016年我们开始真正向全球范围延伸。我希望能邀请您成为我们的编委会成员，因为您向我们推荐了很多人。

全吉男：好的。除了采访中国人的时候，你们都是用英文采访吗？

访谈者：是的，除了中国人。

全吉男：这个最后会做成什么？视频？

访谈者：是的，视频。我们会把视频放在网上。我们也会与位于旧金山的互联网档案馆，以及计算机历史博物馆共享资源。

全吉男：好，不错。

访谈者：我们也希望能够将资源分享给您，放在您的网站上。

全吉男：好的，很不错。

访谈者：是的，我们希望这能成为一个开放性资源。这样，每个人都能看到这些先驱者说了些什么。

全吉男：事实上我们的网站就是开放性资源，但总是有些疯狂的评论。

访谈者：好的，那我们就开始吧。今天是 2017 年 12 月 5 日。我们荣幸地与全吉男教授坐在一起，他被称为“韩国互联网之父”。

您喜欢这个头衔吗？

全吉男：还可以吧。

访谈者：因为“互联网口述历史”项目与新闻采访很

不一样。我们希望记录您作为互联网先锋在这一领域的终身成就。您能先和我们聊聊您的童年吗?

全吉男: 好的，关于童年，我在日本出生，一直到上大学都待在日本，然后我去了美国。

访谈者: 您是哪一年出生的?

全吉男: 1943 年 1 月 3 日。我和阿帕网项目中的好几位成员差不多都是同一年出生，像乔恩·波斯特尔、温顿·瑟夫和斯蒂芬·克罗克，他们都是 1943 年出生的。我去加州大学洛杉矶分校念研究生的时候，他们也在那里读研究生，但我没有参与阿帕网项目。

访谈者: 是因为您那个时候还不是美国公民吗?

全吉男: 这也是一个原因。那时候美国工程学院的大部分项目都来自美国国防部，大约 70%~80% 的项目都来自美国国防部，其余来自美国能源部，基本上是这样。我不太愿意做国防部的项目，因为那时正值越南战争期间，而我来自亚洲。我参与过很多项目，来自美国国家航空航天局[1]、美国交通部等政府部门的项目，但我从来没有参与过国防部的项目。

访谈者： 您是美国公民吗？

全吉男： 我在美国期间，获得了美国护照。

访谈者： 所以您是双重国籍？

全吉男： 不是的。亚洲和美国情况不一样。在亚洲一般是跟随父母的国籍，但是在美国，国籍取决于你在哪里出生。如果你在美国出生，那你就是美国国籍，自动有双重国籍，可以既有韩国国籍，又有美国国籍。但反过来，如果你是个美国人，但在韩国出生，你不会有美国国籍。你一定能明白这一点。所以我当时有韩国国籍和日本的永久居住权。后来，韩国改了几次政策，我只能放弃韩国国籍。现在他们又修改了政策，但是我没有再改了。

---

① 美国国家航空航天局（National Aeronautics and Space Administration，缩写为 NASA），又称美国宇航局、美国太空总署，是美国联邦政府的一个行政性科研机构，负责制定、实施美国的太空计划，并开展航空科学暨太空科学的研究。

访谈者：那您有韩国国籍吗？

全吉男：哦，现在没有了，我现在可以申请一个韩国国籍，但是也没什么差别。

访谈者：您住在韩国，使用美国护照会有什么问题吗？

全吉男：没有。当然，有些时候韩国的计算机系统只为韩国公民所用，所以外国人的身份，会影响一些信息反馈。但问题不大。

访谈者：那为什么您会在日本出生？

全吉男：那是第二次世界大战时期，或者更早之前，韩国有许多人去了日本，朝鲜许多人移民去了中国。看看地图就会知道，在韩国，去日本比去首尔的距离要近，去首尔要走400公里，去日本乘船就可以了。最多的时候，大约250万韩国人移民去了日本，大约200万朝鲜人去了中国。这就是我父母为什么会去日本的原因，我是第二代移民，像日本孩子一样正常上学。

访谈者：所以您的童年，直到高中，都在大阪？

全吉男：对，一直到去大阪读大学。

访谈者： 那边更容易找到工作或学习的机会？

全吉男： 是的，因为当时韩国是殖民地。从某种意义上说，那时它是日本的一部分，所以没有什么真正的边界。中国北方当时也被日本占领了，对吧？情况是一样的。在韩国找不到好工作，所以要么去中国，要么去日本。

访谈者： 您的父母在日本从事什么工作呢？

全吉男： 开始几年，为了生存他们什么活都干，后来他们做纺织品和布料生意，做得还不错。他们很努力，也很幸运。我家可以说是中产阶层。

访谈者： 所以，您和您的家人两种语言都说吗？韩语和日语？

全吉男： 这与中国的情况有许多不同。首先，第二次世界大战期间我们是不能讲韩语的，我们也不允许用韩国名字，必须使用日本名字。这是个非常具有压迫性的政策。

访谈者： 那么全吉男是韩文名还是日文名？

全吉男： 是个韩文名，但名字更接近日文名，这在日本是比较常见的名字，但在韩语中不是很常见。如果是韩文名，一般会用汉字“南方”的“南”，而不是“男孩”的“男”，这听起来更像韩文名。

访谈者：那您在日本长大，会感觉自己是个外国人吗？

全吉男：是的，我们会觉得自己是外国人。因为我们会被区别对待，也可以称之为歧视。在其他地方也一样。我的意思是，这就是殖民者，对吧？这是很常见的。我们会时不时受到一些歧视，因为日韩的关系一直不够理想。

访谈者：这在学校和工作场所也会发生吗？

全吉男：到处都会。

访谈者：他们怎么能把您区分出来呢？您有日本名字，长着亚洲人的面孔，就是亚洲人。

全吉男：嗯，你看不出来，但是他们知道。

访谈者：比如邻居？

全吉男：是的，如果他们想的话，他们就能分辨出来。

访谈者：那您会因此而不高兴吗？还是说时间长了已经习惯了？

全吉男：幸运的是，我家经济上还比较富足，所以一切都还可以。如果经济上不够宽裕，那可能又是不一样的情况了。

访谈者：我们再把时间倒回一点。您的祖父母呢？

全吉男：我的祖父母在韩国。我见过他们几次，他们在乡下务农。我父母来了日本，选择从事零售行业，卖纺织品、布料之类的。他们很优秀，很幸运，也很努力。所以经济上，我家不缺钱。这对我来说很幸运，因为如果既要面对歧视，又很穷，那就毫无希望了。但至少我们不缺钱，我可以做任何我想做的事。这一点我很幸运。

访谈者：父母对于您职业的选择有影响吗？

全吉男：有可能。大概在高中时，我开始决定大学主修什么，这个时候就会想“我是不是应当在医学领域工作，当个医生，或者工程师”，类似这些，因为这决定了我大学毕业后做什么。这时我决定去韩国。大学毕业后，我问父母的建议——我应该现在就去韩国吗？他们说不要，你应该去美国或欧洲读博士。那是个很好的建议。

其实我父母不想让我去美国，因为家里有生意，而且做得还很大。他们自然希望我能接手，我拒绝了。我会做我父母当初想做的事情。韩国是一个崇尚孔子的国家，最好的职业就是学者，我父亲当初就想成为一名学者。但来自乡下的话，不能从事这一职业，必须要挣钱，所以我决定去做我父母当时想做但不能做的事。我父母也不能反对，他们很不情愿地决定支持我去美国。

我想可能我比较幸运，可以最终决定自己想做什么。如果我身体状况很不好，或者学习不好，我就不能说"我想去美国读博，然后去韩国"。因为我很健康，而且学习也不错，所以我才能有这样的野心。我体育非常好，在体育方面我可能是遥遥领先的，实际上我从没见过比我体育还好的人。但在学习上我没有那么好，可能在学校排名前10%或20%。

一直到中学我学习都还可以，体育方面也参加了多种活动，其实我当时更想往体育方面发展。到了初中快结束的时候，我终于开始好好学习了，结果我发现学习其实并没有那么难，我的成绩还不错。

访谈者：您试着像父母一样做生意了吗?

全吉男：没有，我划分得很清楚。如果我想做其他生意的话，就会留在日本，然后我会很有钱，用赚来的钱去支持韩国。有些公司是这样帮助韩国的，比如乐天集团就是它们中的一个。他们都是像我一样的在日韩国人，通过做生意来支持韩国。但这不是我选择的方式。我在韩国或亚洲能做什么呢？从学术角度看，通常科学是一个比较好的领域，比如医学、工程学，这些都是很好的学科。日本和美国在工程领域很强。这样我就可以更好地帮助韩国和亚洲。尽管我喜欢科学，比如数学，但数学对我的帮助不是很大，工程学要好得多。所以我选了“工程领域数学应用”，其实也就是计算机科学，尽管那时还没有“计算机科学”这个词，当时是 1960 年，第一个计算机科学学院是在 1966 年左右成立的。我当时觉得自己想要处理与信息有关的东西，了解信息是怎样产生、移动和储存的。我对信息非常感兴趣，其实它就像互联网和人工智能一样，对不对？

访谈者：谁是您的引路人呢？是家庭之外的人带您进入计算机科学这个领域的吗？

全吉男：不，并非如此。我更多的是受到书本的影响，我很喜欢看书，看了很多书，从而进入了控制论的世界。这在美国的麻省理工学院是个热门话题，工程科学也很火，是一个完全不同的学科，物理学也是这样。阅读深深影响了我，使我得以进入计算机科学、人工智能这样的领域。

访谈者：您在日本的经历如何影响了您的人生？当然您的日语说得很完美，语言不是问题，但其他方面呢？

全吉男：可能所有在日本出生的韩国人都类似于“半个故乡人”。你不是个完完全全的韩国人，因为你成长的环境是日本。所以怎么找到你的方向？怎么解决这个问题？如果你出生在美国，情况就非常不一样。比方说，你上完学以后，要决定在哪里生活。而对于我们来说，目标必须非常明确。你是想当一个日本人，还是韩国人，还是“半个故乡人”？你必须得决定，但这并不容易。

访谈者：当时您还是一个少年，就决定回韩国，是什么影响您做了一个这么重要的决定？

全吉男：这个问题对于局外人来说比较难以理解，你真的想听吗？

访谈者：当然。

全吉男：那我试着解释一下。我高中高年级的时候，是学生会主席，那是在1958年，当时在日本和韩国有很多社会运动。日本的社会运动主要是反对美日军事协定[1]，有些示威活动规模很大，大概有 10 万人参加。与此同时，韩国也在经历不同主题的社会运动，主旨是反对独裁，运动顶峰时期有一个示威活动，以大型会议开始，当时有 5000 名高中生参加，挨着我们的大概是 5 万名大学生和市民。因为我们这个高中的参与者最多，我又是学生会主席，所以我要在 5000 名学生面前发表一个演讲，要说的东西很简单，那就是“我们必须要维护我国的民主”。

访谈者：“我国”指的是日本？

全吉男：对。我可以说“维护民主”，这没问题，但我说不出“我国”这两个字。这个时候我才意识到，天哪，我脑子里想的是韩国的社会运动。我意识到，我要去韩国。

访谈者：我想指出的是，虽然您的同学选您做学生会主席，但您看起来是韩国人，不是日本人。

---

① 美日军事协定指《日美安全保障条约》，是 1951 年 9 月 8 日日本与美国在旧金山美国陆军第六军司令部签订的军事同盟条约，此条约不仅构成规定日本从属美国的法律依据，而且使美国可以在日本几乎无限制地设立、扩大和使用军事基地。

全吉男：是的，但是中国人、日本人和韩国人看起来没有特别大的区别。

访谈者：他们真的会忘了您的国籍吗？您非常受欢迎？

全吉男：我很受欢迎。从很多方面来说我都很受欢迎。

访谈者：而且您的语言也没问题。

全吉男：对，日语完全可以说是我的“母语”。

访谈者：好的，请您继续分享为什么决定回韩国。

全吉男：好的，我在韩国做采访的时候，都会解释这一点，韩国人能更好地理解这一点，因为他们都清楚当时的大环境。后来我决定放弃演讲，让一个副手去演讲。他讲得很好，当说到“我们应该维护我国的民主”时，非常流畅。所以当时我就有了一个很明确的判断，那就是我决定自己未来的时刻。

访谈者：所以在大脑深处，潜意识里您有“我是韩国人，不是日本人”的想法？尽管您在日本出生、长人、读书，甚至成为学生会主席。

全吉男：并不完全是。这是一个很微妙的话题。我认为我不是日本人，但也不是韩国人，因为韩国并不认可我是一个韩国人。所以我可以是韩国人，也可以是亚洲人。我的角色是两者兼有，既是韩国人，又是亚洲人。

所以我从美国回到韩国时，我说的是“我要回亚洲了”。我人生的一半时间给了韩国，一半时间给了亚洲，所以我支持中国和日本的互联网开发非常自然，因为我是亚洲人，我应该为亚洲建立互联网做出贡献。为什么不呢？我的思维比较开放。

访谈者：所以您把自己看作世界公民。

全吉男：当然，后来我把自己看作世界公民。如果回顾一下当时的情况，你会发现20世纪60年代的亚洲正在经受着苦难。在把自己视为世界公民前，我主要关注亚洲，我必须要把亚洲的水平提升到一个世界可以接受的水平。如果我把自己视为世界公民，那么我当时可以去非洲，去拉美，但不是那样的。当时我认为自己属于亚洲，虽然并不是只属于亚洲，但亚洲绝对是我的主场。通过亚洲，我想为全世界做贡献。现在情况可能不同了，因为现在的亚洲发达多了，也富裕多了。但在20世纪60年代，这绝对不可能，那时亚洲还有很长的路要走。我1989年第一次去中国的时候，中国就像多年前的韩国一样，还有很长的路要走。

这些都是关于国家认同的。我非常幸运，因为互联网技术是我知道的东西，恰好每一个国家都需要它。我内心觉得我很幸运，如果我当时研究的是其他技术，情况可能不一样，但我从来没见过任何一个国家说不需要互联网技术，它们都很需要它，但不知道怎么做。而我知道。我在韩国成功过，在美国也成功过几次。所以这对我来说并不难，就像植物上的果实自然成熟，不需要任何参照。所以我内心感觉我很幸运，我在对的时间、对的领域，做了对的事。

访谈者：您有兄弟姐妹吗?

全吉男：我家一共有六个孩子，我是中间的，我有兄弟，也有姐妹。但我是唯一一个学习工程和科学的。其他人都学习了人文和社科领域的学科。

访谈者：中间的，那是个大家庭了。

全吉男：那时候很常见，普通规模家庭都有四五个或五六个孩子。

访谈者：那您的兄弟姐妹都上大学了吗?

全吉男：是的，韩国人倾向于把教育放在首位。

访谈者：嗯，他们中有人当教授吗？

全吉男：没有，他们不在学术圈，不做社会科学研究。他们是做生意的，受我父母的影响，他们更多关注的是商业方面的事情。

访谈者：好的，那您小学时学习怎么样？

全吉男：小学时我忙着参加体育活动，玩心重，因为那时候我体格强壮，精力旺盛，每天都要做许多运动，否则精力用不完。从七岁起，睡觉前我都要让自己筋疲力尽，才感到舒服，否则就睡不好。我就是有这种特殊的体质，某种意义上来说还挺幸运的。初中时，我在游泳队，每天都要游5000米。

访谈者：那您的兄弟姐妹呢？他们也这样？

全吉男：只有我这样，我算是一个极端案例，我能游2000米，甚至5000米，游泳有益健康。

访谈者：您提到在初中快结束时，您开始认真对待学习。

全吉男：对，初中快结束时。你知道为什么吗？

访谈者：我很想知道。

全吉男：因为我喜欢我们班一个女孩。她非常优秀，学习很好。我们班一共50个人，她总是前5名，而我只能排到十几名的样子，所以那时候有一种心理在作祟，我至少要变得和她一样优秀，对吧？否则怎么能吸引到她的注意呢？

访谈者：可是您体育很棒啊。

全吉男：不是这样的。体育好不算什么，在初中还是得学习好，光体育好没什么用，我至少要和她一样优秀，甚至超过她，这样才能赢得她的尊重，所以我决定要考到班里第一或第二。我觉得这就像组织一场会议，我给了自己半年时间，带着这个想法开始行动。

访谈者：所以您花了半年时间？

全吉男：没有，我只用了三个月左右的时间。有了这个想法后我就行动起来，然后就成功了。你知道我怎么做到的吗？我先从英语发力，英语很重要，对吧？如果背完整部词典，我就记住了所有单词；如果背完一本好书，我就记住了所有句子。后来我把整部词典都背完了，当时正参加一个什么语法还是英语竞赛，我挑出所有知识点全部背了下来。

访谈者：您怎么做到背下一部词典的？不断重复吗？

全吉男：不是，这个讲究方法，有技巧的，不过重要的还是尽可能地记忆。过程很痛苦，但我就是想赢得那个女孩的尊重。

访谈者：您和她之间有什么故事吗？

全吉男：我猜她也喜欢我，因为我一下子这么刻苦，学习成绩突飞猛进，她问我怎么做到的，很明显这是另一个故事了。

访谈者：我们想知道结局怎么样？

全吉男：嗯，我们一直到高中都还有联系。不过高中过半后，我的兴趣变了，而且我们不在一个学校，我上的是最好的男校，她上的是最好的女校，我们不一样。高中时我很受欢迎，文体兼优，在美国这样的学生叫作全能型学生，自然而然我在高中很受欢迎。

访谈者：初、高中的时候您有很要好的朋友吗？

全吉男：有。

访谈者：你们一起运动吗？

全吉男：是的，除了女学生。

访谈者：一起运动，学习？

全吉男：对，很幸运我有一帮优秀的朋友。

访谈者：您能说出几个名字吗？

全吉男：嗯，其中有个男孩简直不能忍，他来自农村，最后一年转学到我们中学，突然之间就占了第一名的位置，而且他从来没考过第二，太气人了。第一名是独一无二的，第一和第二之间天壤之别，第二、第三、第四之间没什么区别，真是神奇。从那时起他就成了我的朋友，直到现在。他是我的同班同学。

访谈者：你们现在还见面吗？

全吉男：嗯，我们偶尔会约一次。

访谈者：一起爬山或远足吗？

全吉男：不不不，我们就聊聊天，有时在韩国见，有时在日本。他还是很聪明，他属于最聪明的那类人。

访谈者：他是做什么职业的？

全吉男：他是大学教授，现在仍担任一个大学的校长，都 76 岁了还在工作，真是不可思议啊。本来他 65 岁就能退休的，但是那所大学找不到更好的人选了，所以他一直在工作，太厉害了。

访谈者：你们有过合作，一起做研究吗？

全吉男：没有，因为我们不在一个大学。

访谈者：您在日本的哪个城市居住？

全吉男：大阪。

访谈者：哦，我知道大阪，我去过那里。您在大阪一直待到高中毕业？

全吉男：是的，一直到大学都住在那里。我上的大阪大学。

访谈者：我有一个朋友刚从那里毕业。您是如何决定大学读什么专业的呢？

全吉男：一开始我觉得专业就是一种手段，大学毕业后我要做什么呢？然后我想我要去韩国。那么在韩国可以做些什么呢，最简单的就是医生。所以我就申请了医学专业。但我不喜欢那种气味，像药的味道。天哪，想到接下来的人生都要在这种气味中度过，于是我换了专业。我喜欢数学，那时没有计算机科学这个专业，但有比较接近的专业——应用数学。我觉得自己没那么聪明，不想做纯数学，但应用数学还是可以接受的。电子工程也在这个范围之内。

访谈者：当时学校已经有电子工程专业了？所以您先在数学系学了几年，然后转到电子工程？

全吉男：不是的，我们学校比较特别，可以同时修三个专业，数学、物理，还有电子工程，这很不错。

访谈者：您修了几个专业？

全吉男：三个。

访谈者：那您花了多少年毕业？

全吉男：嗯，四年。但第一年没修电子工程。

访谈者：大阪大学还有其他韩国人吗？

全吉男：不是很多。每年 4000 名新生中，只有五六名或六七名韩国人。家里经济情况很好的人才能有好的学习机会。

访谈者：是需要支付高额的学费吗？

全吉男：不，学费可以忽略，几乎是免费的。但如果你不富裕，那么你可能无法获得好的学习机会。

访谈者：那么您在那里学习，和其他学生相处得还好吗？他们大多数都是日本人？

全吉男：还不错，还可以。

访谈者：除了学习，您还参与其他活动吗？

全吉男：我喜欢运动，从小学开始，我就为了比赛进行游泳训练。今天，就在采访前，我吃完午饭还游了泳。我每天都游大约 1500 米，这样可以保持身材。

访谈者：您说多少米来着？

全吉男：1500 米，大概就半个小时吧，所以还好，半小时的运动，加上洗澡和其他的事，在一个小时内就可以完成。还有，我喜欢爬山。

访谈者：徒步？

全吉男：不，是真的爬山。我七年级，也就是中学一年级的时候，去爬富士山，日本最高的山。我觉得很不错。第二年夏天，我去爬了另一座山，那是一座海拔只有3000米的山，从山脚开始爬，一直到山顶，这一路都在下雪。那时候是七月，一路上都是雪。我很震惊，因为这是夏天七八月份的雪。那里一年四季都下雪。从那以后，我开始登山。我在韩国获得了两个有地位的奖项。其中一个是因为我在互联网行业的贡献，这很好理解。另一个是因为登山。很少有人可以学术和运动兼顾，对吧？如果你能在奥运会上获得一枚金牌，那么你能得到这样的奖。大多数人通常不能在学术和运动上都做到这个程度，但是我两个都做到了，得到这两种奖项。

访谈者：不可思议。

全吉男：世界上没有多少人可以这样，几乎达到了职业水平。

访谈者：挺好的。

全吉男：实际上，我在美国攻读博士学位的时候，差点就决定成为一名职业登山运动员。当时，世界上最好的登山运动员大多住在加利福尼亚州，我定期和他们一起登山。我的水平跟他们一样，我可以这么选择，为什么不呢？但最后我放弃了。其中一个原因是，那时世界上可能只有50到100位职业登山运动员，如果你想成为一名职业登山运动员，就必须是历史上第一个登上某座山的，如果你是第二个，那你就不会是第一个，你必须是第一个。相对而言，当计算机科学教授就容易多了。只是要写论文，我的写作非常糟糕。很多工程师都不擅长写作，尤其是英语写作，这对我而言几乎更没可能，因为它不是我的母语。但无论如何，专业登山运动员，世界上只有50到100位，而计算机科学教授有成千上万人，只需要从一所像样的大学里获得一个博士学位，你就可以当教授。

访谈者：没错。您在大阪大学待了几年？

全吉男：四年。主修了三个专业，物理、数学和电子工程。

访谈者：然后您去了加州大学洛杉矶分校。我记得那年温顿・瑟夫也在加州大学洛杉矶分校。

全吉男：没错。

访谈者：还有伦纳德·克兰罗克。

全吉男：对，我还选修了他的课。当时他们在做计算机网络方面的研究。

访谈者：您觉得加州大学洛杉矶分校和大阪大学有什么区别?

全吉男：你说的区别是指什么？

访谈者：一所是亚洲的大学，一所是美国的大学，您可以快速适应两者之间的差异吗?

全吉男：嗯，美国大学很好的一点是他们可以与时俱进。我刚到加州大学洛杉矶分校的时候，在第一堂课上，一位计算机教授说："你们知道嘛，机房里的所有大型计算机，以后都会变得小得多。"什么？这是我在韩国和日本没有学到的东西。在我1966年去加州大学洛杉矶分校之前，我的本科毕业论文是关于计算机工程的，我当时在犹豫应该选择计算机工程还是计算机系统方向。因为加州大学洛杉矶分校在计算机工程领域有位著名的教授，他写了一本经典的书，我几乎决定做计算机工程方向了。但我后来发现，除了他，其他人都在做计算机系统。他们在研发一种小芯片，再过段时间可能这个芯片就可以放入计算机，于是我被计算机系统领域吸引了。

访谈者：是什么让您决定去美国上研究生呢？

全吉男：这很简单。我从高中一直到大学都在想，大学毕业后要做什么。其实选择很明显，大多数人会选择留在日本。你可以想象，就像在国外的中国人一样，我也可以去韩国，也可以去其他国家，就这么几个选择，对吧？我的决定是回韩国。当然，韩国当时很穷，可以说比非洲国家更贫穷，人均 GDP（国内生产总值）差不多 80 美元一年。所以这就是我想做的事情。然后我从事哪个领域的工作呢？还有，大阪大学是一所很不错的大学，我大学毕业后可以在日本找到很好的工作，那么我还应该回韩国吗？但我的父母说不，说我应该去读博士学位。那我觉得读博士就要去美国或英国。我对欧洲了解很少，所以我决定去美国。

访谈者：在加州大学洛杉矶分校，学校里有韩国或者日本的学生群体吗？

全吉男：有的，加州大学洛杉矶分校有 40 名左右的韩国学生，可能是因为饮食偏好，我们隔一段时间就会聚在一起吃韩国菜。

访谈者：我很好奇，为什么您在日本待了这么久，却没有认为自己是半个日本人，没有习惯吃寿司，而是习惯吃泡菜？

全吉男：我差不多一半日本人一半韩国人，但既然我决定去韩国，那么我就应该属于韩国人的群体。我要多了解韩国的方方面面，才能适应韩国。

访谈者：做大阪大学的学生和做加州大学洛杉矶分校的学生之间有什么不同？我知道您在那边攻读博士学位，肯定会感受到一些差别。这两个国家，两个大学之间还存在其他差异吗？

全吉男：因为我必须获得博士学位，在韩国不像在日本或中国，博士学位是一件大事。韩国是个非常崇尚儒家文化的国家，所以无论如何，我必须获得博士学位。当然，我在美国或者日本攻读博士学位都可以。从学术方面来说，大阪大学可能比加州大学洛杉矶分校更好。但是在美国可以获得更多有趣的研究课题和更多最新的信息和挑战。要解决的问题很有意思，比如我们和美国国家航空航天局的喷气推进实验室[①]有着密切的合作，他们想要向外太空发送一艘宇宙飞船，不能使用普通的计算机。我的意思是，这些计算机需要使用一年、两年甚至三年，不能允许出现故障，所以他们制作出了三模冗余计算机。用这三台计算机同时进行运算，然后进行表决。如果输出的结果相同，那么没有问题；如果有一台的输出结果不同，那么二对一。这样的研究课题，无法在日本或其他任何地方找到，只有在美国可以找到。某种意义上，这是一个好的研究课题，那么剩下的就是写作了。撰写论文方面两个学校之间没什么差别，我没有看到太多差异。

访谈者：您的意思是，美国的大学有更多的资源，更多的计算机，更有趣的课题？

全吉男：嗯，这不一定，条件不一样。我刚到加州大学洛杉矶分校的时候，有点震惊。和大阪大学相比，这个城市太穷了。在日本，大阪大学和东京大学很特别，不是

① 喷气推进实验室（Jet Propulsion Laboratory，缩写为 JPL），是美国一个以无人飞行器探索太阳系的研究中心，隶属于美国国家航空航天局，其发送的飞船已经到过全部已知的大行星。

普通的大学。在大阪大学，大三的时候，我们就可以有一间自己的办公室。在加州大学洛杉矶分校读研究生的时候需要申请才可以有自己的办公室，本科生就别想了。条件完全不同，日本顶尖大学的预算要多很多，当然并不是每所大学都这样，大约只有五六所大学是这样。

访谈者：但是加州大学洛杉矶分校在美国也不算是普通学校，也是顶尖学校，对吧？

全吉男：是的，但是在日本，某种程度上，这些大学有独一无二的地位。

访谈者：好的。那么，您在去了加州大学洛杉矶分校后，是不是觉得自己很快就能适应那里，而不是像鱼离开了水一样。比如说，我非常想念大阪，想念大阪的食物，我在那里感到孤独。

全吉男：不不不。我喜欢这种挑战。我对美国没有什么特殊的感觉，但我非常喜欢加利福尼亚州，因为那里有山，有海。那些山，真的是世界上最好的山。

访谈者：而您又刚好喜欢登山。

全吉男：是的。我也喜欢大海，我们正好在海边。

访谈者：您也喜欢游泳。

全吉男：是的，我潜水也很棒。

访谈者：在那个年代，计算机科学仍然是一个非常新的学科，所以您到了那里，会不会觉得“天哪，这太危险了，太冒险了，谁知道计算机科学的未来会怎么样”。但是，电子工程这样的学科，已经为世界带来了变化。

全吉男：没有觉得。我刚才说我喜欢数学，我对数据（也可以称为信息）很感兴趣。在计算机这个领域，可以真正地与数据打交道，所以我真的很开心。在日本我做不了太多，因为他们考虑得更多的是硬件，而不是软件，就像许多其他地方一样。加利福尼亚州可能是个特例，对数据和软件都非常重视。

访谈者：您在加州大学洛杉矶分校拿到博士学位总共花了多少年？

全吉男：我算算，我先读了硕士，很快就读完了硕士，然后中间断了一段时间，我去公司工作了。

访谈者：什么公司？

全吉男：柯林斯无线电公司[1]，那是在20世纪60年代中期。在那里我主要做计算机联网，在阿帕网之前。当时有了移动网络，即20世纪60年代中期的移动网络连接。我去这家公司的理由很简单，这个公司主要做飞机与地面站之间的通信，需要语音通话传输数据，比如，"我在某个纬度、高度"等等。这些通过数据沟通会更好，这个过程就需要计算机联网。所以他们做了网络，但缺点是只能在内部的电脑之间进行。而此时阿帕网想尝试连接世界上的每台计算机，就是异构系统，这就很不一样了。最终，柯林斯无线电公司加入了阿帕网，主要负责无线电通信网络部分，有线网络部分没有加入。因为无线电通信网络是柯林斯无线电公司的专长。我在那里工作了几年，很不错，了解了美国公司的运转方式。

访谈者：那是一家美国公司？

全吉男：是的，整个公司都在南加州。柯林斯无线电公司当时有一个很有野心的项目，但最后这个项目失败了。

---

① 柯林斯无线电（Collins Radio）公司，应为罗克韦尔-柯林斯公司（Rockwell Collins）。

即使放到现在，它也是很了不起的。而在 20 世纪 60 年代，我们都还没有集成电路芯片。

访谈者：所以您在获得博士学位之前是在那里工作?

全吉男：没错。有个间歇期，这样很好，让我意识到成为一个工程师意味着什么，尤其是在计算机网络这个领域。所以，这也不错。加州大学洛杉矶分校的研究生在经济上是很拮据的，要么买不起车，要么只能买辆不好的车。但是等去了公司，突然间我就有了很多钱，比如我不需要用到每个月的工资支票，我只需要用一张，剩下的钱都可以存起来。如果还是单身，那么日子可以过得很舒服。最后我想，不对，我来美国是为了拿博士学位的，我必须这么做。不过，这段工作是很不错的经历。

访谈者：您在柯林斯无线电公司工作了多久?

全吉男：差不多两年半。

访谈者：听起来您过得太舒服，以至于差点忘记学业的事了。那您回到学校后，又花了多少年拿到了博士学位?

全吉男：我当时换了博士研究的方向，仍在计算机科学领域，但转到了开源代码研究。因为我不想做编程。不知道为什么，我不是很喜欢编程，虽然我很擅长编程，但编程的时候我注意力太过集中，容易头疼。所以我想“哦，不，这不是我想要做的事情”，我在计算机科学领域里寻找不需要做编程的领域，因此选择了开源研究，这更接近应用数学，我感到舒服多了。

访谈者：是代码运算吗？

全吉男：运筹学。

访谈者：所以您先在学校学习了两年，然后去柯林斯无线电公司工作了两年半，最后又回到了学校。

全吉男：是的，我用了四年时间，1974 年拿到了系统工程博士学位，因为我进入了一个新的领域，而且我选择了几乎最难的课题，这其实是个非常冒险的选择。这个难题即使在 50 年后的今天仍然没有解决，确实是一个难题，是一个非常值得攻克的难题，但我不认为有人可以在接下来的 50 年内解决。这是应用数学中最困难的问题之一。

访谈者：您拿到博士学位后去了哪里？

全吉男：很幸运，我去了美国国家航空航天局的喷气推进实验室担任技术研究员，开始做计算机联网，但这次是地球和空间站之间的通信，对，柯林斯无线电公司做的是飞机到地面站的通信，但美国国家航空航天局是与外太空的通信。这样的通信可能需要花几年时间，我很喜欢美国国家航空航天局，它的水平还是很高的。你看，他们可能会提前二三十年开始计划，每个项目都是三十年的周期。所以如果项目在2050年或2060年启动，那现在必须开始规划，想一想2060年将拥有什么样的技术，必须要做好那些工程规划。这并不容易。他们有计划、有能力，并且会运用这些。如果美国国家航空航天局的人无法解决这些，那这个世界上就没有人可以解决了。而且他们也证明了这一点，火星，土星，他们几乎是垄断了。我也很享受在那里工作，这是一个了不起的机构。我可以一直待在那里，但我的目的是回到韩国，于是我就回韩国了。

访谈者：您在美国国家航空航天局工作了几年？

全吉男：大概三年，一直到我夫人念完博士。

访谈者：她也在加州大学洛杉矶分校？

全吉男：我是她的资助人，所以她不能去别的学校。

访谈者：您是怎么认识她的？

全吉男：她是我朋友夫人的姐妹。所以我在那边等我的妻子完成博士学业，我当时就想，为什么不快点呢，我得回韩国。

访谈者：她的专业是什么？

全吉男：人类学。

访谈者：所以您夫人完成学业后你们就回了韩国。以教授的身份？

全吉男：不是的。因为一些其他原因，我先去了庆尚北道龟尾电子与电信研究所。那是20世纪70年代后期，当时韩国希望进入IT（互联网技术）领域，计算机、半导体都要改变，所以他们建立了电子与电信研究所，并邀请我为韩国开发计算机。

访谈者：便携式电脑？

全吉男：不是的，那是他们在计算机行业的目标。我明确了一下，是侧重做大型机和个人电脑。

访谈者：有个问题，您是怎么样让计算机韩化的？你们需要输入韩文，对不对？

全吉男： 那不是困难的部分。韩文比中文容易得多。中国汉字很复杂。很幸运，韩文和英文一样，是 26 个字母。中国人用汉字，但我们可以使用相同的键盘。日本人有 50 个字母，两套 50 个，所以日语更棘手，但我们的字母表一样，这就容易多了。所以韩文没有太多问题，除了印刷时，印刷后更像是简化版本的中文。你需要 8 位字节以上。但这还是比较容易的。

访谈者： 所以您是第一个回到韩国去建设这些计算机研究所的人?

全吉男： 不，我没有创建，这些机构是全新的，是在世界银行的支持下设立的，我只是担任了首席技术官（CTO）一类的职务。我需要发布整体规划，比如如何开发计算机以及开发什么。我需要去做决定，大型机、主机型计算机、个人计算机，要做哪一个，我们如何做到这一点? 我们自己做处理器。

访谈者： 您是唯一的决策者吗?

全吉男： 对，差不多。当然，我们有委员会，还有其他的一些成员，但因为我是负责人，所以我们需要聚在一起，当然我需要和他们交流。然后我突然意识到："我的天，我需要负 100%，或者 99% 的责任。”

访谈者：您担任首席技术官这个职务的时候多大？

全吉男：大概三十三四岁吧。

访谈者：所以您回到了韩国。您知道，亚洲国家阶层非常明显。因为您是顶尖的科学家，所以您回来后每个人都对您表示很敬重，与您交谈的语气和姿势都会不一样，在美国待了这么多年，您享受这种态度吗？

全吉男：我觉得这不是享受或者什么，我理解韩国人的意图，我也想要帮助他们，我觉得我可以负责这个工作，所以我就这么做了。我和很多人都进行了交流，没有任何借口，我必须这样做。我必须完成他们希望我做到的。

访谈者：作为一名计算机科学家，您是如何最终想到计算机网络将会是一个机会？

全吉男：那是我的专业领域。我的专业领域就是电脑联网，而不是计算机本身。

访谈者：您是怎么把互联网带到韩国的？

全吉男：嗯，这么说吧。1979 年我回到韩国，主要职责是开发计算机，实际上中国台湾也在做类似的事情，也像韩国一样建立了研究所。如果我成功了，那么我们会发行主机型计算机和个人计算机，可能是第 10 个、第 15 个或者第 20 个研发出这些系统的国家，这对于韩国产业很重要，我是这么理解的。那些研究员和研究生工作非常努力，我说的他们都会听，我就像神一样。我觉得有必要给他们一点挑战。成为第 20 个研发出计算机的研究所或者组织，算不上什么挑战。如果我们研发出互联网，那是我的专业领域，那我们就是继美国 1982 年研发出阿帕网后第二个拥有互联网的国家，这会让那些研究生和研究人员很骄傲，所以我将两件事同时进行。1980 年，我们团队向韩国政府工商部提议建立一个全国性的网络，这个想法被否决了。因为政府那些人不明白网络是什么，他们或许觉得开发计算机更重要，实际上没有任何政府明白计算机网络是干什么的。但我认为这也很重要，所以我同时都做了。一年后，政府部门接受了一项修订后的建议，我们开发了当时被称为软件开发网络（the Software Development Network，缩写为 SDN）的软件。

访谈者：我过了很多年才意识到韩国的网速是全世界最快的，您起到了重要的作用。

全吉男：对我而言，这没有那么困难，因为我在开发互联网之前做的是计算机网络，比如1967年到1969年在柯林斯无线电公司，还有阿帕网，我从1969年开始进行研究。当然，或许你们会有不同意见，但我认为我们的网络更先进。我们开发软件、硬件、网络程序，所有的东西。但阿帕网所用的主电脑是购买的，大概使用了100多台电脑；软件基本都有了，他们唯一做的就是开发网络协议。所以从这个经历看，阿帕网也只是过得去，我认为在韩国，网络是基础技术，不是为了赚钱或者别的什么，所以开源系统很重要，不是专门服务于某些计算机。互联网是个自然的选择。而且我认识从事这个行业的所有人，他们是我的研究生同学。如果有任何问题，我可以直接问他们。

访谈者：您在哪一年最终将互联网引入了韩国？

全吉男：1980年，我开始在韩国做计算机网络项目。应该是1982年，最终将互联网引入了韩国。

访谈者：一开始是大学的网接入？

全吉男：是的，在大学和研究所之间，1982年5月15日，我们开发了首尔大学和电子与电信研究所之间的互联网系统。因为网络这个东西太新了，他们都非常兴奋。不仅仅是大学，甚至三星的研究所也参与了，他们当时可能都不知道自己做的是什么，后来我们成了世界上第二个拥有互联网的国家。因为互联网需要做很多研发，其他很多国家不想做这个领域，大多数只是想要开发一些软件，比如澳大利亚。因此开发路由器很难，如果再晚五年，就可以从思科直接买路由器，就简单了。但是那个时候还没有思科，我们只能靠自己研发路由器。

访谈者：哪些企业参与得最多？三星？

全吉男：没有。对于大企业来说，互联网是如此新鲜。所有的这些大企业都认为可以和我一起进行计算机开发。然后我说："这是作为基础研究，我们是做计算机网络，你们愿意做计算机吗？"他们都说："愿意。"可能他们不太清楚这到底意味着什么，连接所有计算机，可以说是非常大胆了，像美国1969年开发了阿帕网，后来改用TCP/IP[①]。你是学工科的吗？

访谈者：我是学传媒学的，但是我可以理解。

① TCP/IP，全称为 Transmission Control Protocol / Internet Protocol，即传输控制协议／互联网络协议，是互联网最基本的协议，由网络层的IP和传输层的TCP组成。TCP/IP定义了电子设备如何连入互联网，以及数据如何在它们之间传输的标准。

全吉男：1983 年 1 月 1 日，阿帕网正式转换为 TCP/IP，这标志着互联网[①]出现。我们是 1982 年 5 月就启用了互联网。当然，美国做了一年的测试，我们没有任何东西可以测试，因为这个东西太新了，所以我们在 1982 年就直接启用了，直接选择使用 TCP/IP 构建网络，因为我们的网络是基于 UNIX 操作系统[②] 的大型计算研究项目的一部分，而且 TCP/IP 与 UNIX 非常吻合。我们必须告诉周边国家和地区，于是我们开始联系日本、澳大利亚、印度尼西亚，还有中国。然后我们组成了团队，共同开发。可能由于当时中国的体制不是太灵活，加入有困难，如果中国不理解或者这个东西不是自上而下进行，就不能做。中国的资金也不是太灵活，所以有点滞后。

访谈者：是的，需要更多时间。

---

① 互联网（Internet），又称国际网络，指的是网络与网络之间所串联成的庞大网络，这些网络以一组通用的协议相连，形成逻辑上的单一、巨大的国际网络。互联网始于 1969 年美国的阿帕网。

② UNIX 操作系统，也称尤尼斯操作系统，是一个强大的多用户、多任务操作系统，支持多种处理器架构，按照操作系统的分类，属于分时操作系统，最早由肯 · 汤普森（Ken Thompson）、丹尼斯 · 里奇（Dennis Ritchie）和道格拉斯 · 麦基尔罗伊（Douglas McIlroy）于 1969 年在 AT&T（美国电话电报公司）的贝尔实验室开发。

全吉男：但是中国人非常坚持，没有放弃。其他国家遇到困难就放弃了，但是在中国，如果人们认为这个东西是对的，那么不管多难他们都不会放弃。这是非常了不起的。

访谈者：让我们回顾一下，在计算机网络方面韩国当时在亚洲是最先进的，所以您开始联系所有其他国家，然后它们开始行动。

全吉男：如果你说的是计算机网络[①]，那不对。如果你说的是互联网，是对的。因为我们 1982 年 5 月启动了互联网，韩国成为世界上第二个拥有互联网的国家，也就是说我们超越了亚洲其他所有国家。但如果你说的是计算机网络，日本走在我们前面，还有澳大利亚。日本做大型计算机，如果 IBM（国际商业机器公司）做任何事情，包括计算机网络，那么富士公司也要想办法做出来，和 IBM 竞争。但日本做的是大型计算机网络，不是互联网，计算机

---

① 计算机网络，指将地理位置不同的具有独立功能的多台计算机及其外部设备，通过通信线路连接起来，在网络操作系统、网络管理软件及网络通信协议的管理和协调下，实现资源共享和信息传递的计算机系统。

网络是分层级的，当时计算机网络是主流。但互联网是水平网状分布的，没有第一级和第二级之分，日本做得不够好。所以，韩国是不是最先进的，取决于你如何定义。

访谈者：说到您的工作，您后来就一直待在韩国科学技术院？

全吉男：我刚说了，我先去了电子和电信研究所，在那里待了两年半，研发计算机和启动互联网，然后我才去了韩国科学技术院当教授。

访谈者：韩国科学技术院是一所大学？

全吉男：是的，是个大学。就像麻省理工学院，我们差不多是依照麻省理工学院来建它的。你知道，研究机构有等级之分，虽然你可以做大事，做上百万的项目，但有等级制度。在大学，我可以自己做主，可以做任何我想做的事情。而且，我的本性更擅长发起一些事情，一旦事情变得稳定、成熟，我就会感到无聊。所以研究所对我来说并不理想，如果我留在研究所，可能最终会成为管理者，不能做技术工作，但我希望能继续从事技术工作。所以我去了大学，教授要好得多。

访谈者：那您培养出不少科学家吧？

全吉男：我更擅长培养企业家。当时韩国有很多教授，一流大学需要有一定数量的教授。韩国有很多教授，但是没有好公司。我们每年都有很多毕业生，我们需要把这些学生送到一些行业公司。当时，像三星集团，主要是生产电视机、冰箱等，LG集团也是。那么学计算机的能做什么呢？于是我问我的学生，你们为什么不成立公司？这样我就可以把学生输送到你们那里。如果失败了，就回学校当老师。我的学生中有很多人后来成了企业家。当企业家比当教授要困难得多，没有保障。我的意思是，当教授很容易，只要你能写论文，一年一两篇就够了。但企业家很难，即使你每天工作20个小时，也不能保证有好的结果。

访谈者：是的，没法保证可以成功。企业家也是冒险家。我看您喜欢游泳、攀岩，可以看到您内心深处与这些冒险行为之间的联系。对吧？

全吉男：某种程度上是的，我喜欢富有挑战性的事。我的系统架构实验室里出了几个市值10亿美元的公司总裁。我想说，还是不错的。

访谈者：现在我开始明白，为什么人们称您为“韩国互联网之父”。我在很多方面看到，您不仅仅是互联网的先驱，也是计算机应用的先驱，内心有着由技术驱动的企业家精神。

全吉男：你说我是“韩国互联网之父”，其实我为亚洲乃至全世界的互联网花了更多时间。你知道我一生中创建了多少国际互联网组织吗？大约 15 个。

访谈者：不好意思，您能再重复一下吗？

全吉男：我说我一生中创建了大约 15 个国际互联网组织。你知道排名第二的人创建了多少个吗？大约三四个。温顿·瑟夫创建了 3 个，我创建了 15 个，平均每两年创建一个。原因很简单，美国有这么多人，有些事你不一定要去做，从某种意义上来说，人多就意味着竞争。比如说温顿做了这个，别人做了那个。在亚洲，我们没有这些先行者，我们又必须赶上美国，美国创建什么新东西的时候，我们也要做到，否则我们就会成为追随者。如果在同一时间完成，我们就是友好的竞争关系。所以我创建了 15 个国际互联网组织。

访谈者：您可以谈谈其中一两个吗？

全吉男：嗯，第一个是亚太网络工作组，差不多在做所有的事，还有亚太互联网信息中心[1]，亚太地区顶级域名协会[2]，这是在亚洲的组织。15个组织，我一下子没办法都想起来，当然这里面大多数，70%左右都是亚太地区的组织，剩下的是全球性的，比如洲际研究网络协调委员会[3]。建立这些组织是我对亚洲的贡献。原因很简单，如果亚太地区只有两三个国家，那么没关系，我们不需要这些组织，我只需要去中国、日本就可以了。但亚洲有差不多50个国家，我们要怎么做呢？我们必须团结一致。我们建

---

① 亚太互联网络信息中心（Asia-Pacific Network Information Center，缩写为APNIC），成立于1993年，总部设于澳大利亚布里斯班。APNIC是全球五大区域性因特网注册管理机构之一，是负责亚太地区IP地址、ASN（自治域系统号）的分配并管理一部分根域名服务器镜像的一个国际组织。

② 亚太地区顶级域名协会（Asia Pacific Top Level Domains，缩写为APTLD），是ccTLDs（国家和地区顶级域名）在亚太地区的联合组织机构，成立于1998年7月，主要由亚太地区内国家及地区代码顶级域名的注册管理机构、相关技术和政策机构联合组建的会员组织。

③ 洲际研究网络协调委员会(Coordinating Committee for Intercontinent Research Networking，缩写为CCIRN)，1988年成立的一个国际民间组织，其成员都是各国学术研究网络，下设北美分会(NACCIRN)、欧洲分会(EUCCIRN)、亚太分会(APCCIRN)，其目的是进行各个国家之间、各大洲之间的技术协调工作。

立这些组织，亚洲国家有什么理由不加入呢？这就是我能做的一切。

你知道我在过去的40年里拜访了多少个国家吗？我自己都数不清了，我协助过太多国家了，但我从来没数过。几年前我决定数一下，发现自己协助过50个国家。我拜访最频繁的就是日本和中国，可能每个国家拜访、协助过二三十次，剩下的大概有两三次。因为中国和日本是韩国的邻居，而且它们都有很好的激励机制和互联网能力，这一点我可以看出来。像中国这样极端的例子，我一年要来四五次，日本也一样。我们建立起了一个很好的团队，有许多人都是在这个过程中认识的。

我第一次来中国的时候，太可怕了。

访谈者：第一次是哪一年？

全吉男：1989年，汉城奥运会之后。当时中国根本没准备好联网，也没有足够的信息，并不容易。而且，反过来也一样，美国人并没有准备好协助中国，他们正在辩论该不该允许中国利用互联网连接到美国。刚开始美国比较消极。我们的团队中有我、一个德国人，当然还有中国人。

当时我们在美国联邦政府有朋友——斯蒂芬·沃尔夫[①]，他做出了重大贡献，没有他，我们就不可能拿到许可。在20世纪90年代这对我们来说是很好的经历，在这个过程中我们建立起的人际关系网都很好。日本也是一样，我们做了很多工作。

访谈者：您是第一个想到建立这些组织的人，如何做到的呢？

全吉男：嗯。首先，我从互联网开始，这样我就可能拥有全球的人际网络。我很擅长那些，最初可能是和我美国或欧洲的朋友沟通。在成立了两三个组织之后，剩下的事就很容易了，只是例行公事。我觉得这是我的职责，所以由我来做。

访谈者：您觉得亚洲国家和地区之间合作与协作的前景怎么样？在我看来，更多地区还是在与美国公司合作，亚洲地区内的合作并不多，对吗？因为大多技术来自硅谷。

---

① 斯蒂芬·沃尔夫（Stephen Wolff），互联网创始人之一，Internet2首席科学家，董事会成员，研究部临时副总裁、首席技术官。国际互联网协会先驱成员，2002年获得国际互联网协会的乔纳森·波斯特尔服务奖，2013年入选国际互联网名人堂。

全吉男：是的，硅谷确实还是更有优势。但情况正在改变，有这么几个原因。首先，因为中国，中国现在有点像是成了世界第二大互联网中心，虽然还没有超越美国，但这两个国家现在是世界两大互联网中心。情况是动态的，在持续发生变化。现在你可以看到很多亚洲内部的合作，例如阿里巴巴，马云做了淘宝，阿里巴巴最初的资金主要来自软银集团①，这也可以算是亚洲内部的合作，当然孙正义②是个特例。但不幸的是，目前我们还没有看到印度和中国之间的合作，我想以后一定会有的。日本的力量很强大，中国台湾现在还不行，印度也尚未崛起，不过它们会起来的。

访谈者：对于亚洲地区，我有个疑问。一个是因为第二次世界大战，中国和日本关系并不好，您知道，这是历史原因。韩国和日本之间存在一些问题，韩国和朝鲜之间也有问题。还有政治体制的问题。那么这些因素会如何影

---

① 软银集团，1981 年由孙正义在日本创立，1994 年在日本上市，是一家综合性的风险投资公司，主要致力于 IT 产业的投资，包括网络和电信。软银在全球投资过的公司已超过 600 家，在全球主要的 300 多家 IT 公司中拥有多数股份。

② 孙正义，1957 年出生于日本佐贺县鸟栖市，是定居日本的第三代韩裔日本人。国际知名投资人，软银集团董事长兼总裁。

响各个国家在互联网领域的协作呢?

全吉男：我们还是得具体问题具体处理。有些合作进行得很顺利，可有些情况就是行不通，必须看具体的情况。我们根据区域进行了优化，例如网络治理，现在是个难题，这也是我新的研究领域，亚太地区校园的网络治理，成果已经出来了。因为三年前亚太地区在这个领域几乎什么都没有，全球范围内大约有5个相关组织，但都不在亚太地区。如今，全球网络治理组织中约有70%位于亚太地区。我觉得这基本上是我的贡献起到的作用。在这个领域，印度是领先的，因为印度的官方语言是英语，并且更擅长人权、隐私这些方面的治理。中国在网络治理方面不太擅长，但像互联网安全这一类的领域，中国则遥遥领先，因为中国确实认真在做。

访谈者：是的，中国确实做得不错，建了防火墙①。

① 防火墙（Firewall），是指一种将内部网和公众访问网（如Internet）分开的方法，它实际上是一种建立在现代通信网络技术和信息安全技术基础上的应用性安全技术，隔离技术。防火墙技术通过有机结合各类用于安全管理与筛选的软件和硬件设备，帮助计算机网络于其内、外网之间构建一道相对隔绝的保护屏障，以保护用户资料与信息安全性。

全吉男：是的，需要高性能网络、超级计算机、IPv6[①]，所有高性能的新兴领域，中国都处于领先地位。不同国家在不同领域做到了自己的最优。从这个角度看，我觉得亚洲比欧洲好。亚洲国家的多样性是有益的，可以互补。但欧洲各个国家几乎都一样，英国、法国、德国，基本上都差不多。

访谈者：您觉得未来5~10年亚洲国家可以迎头赶上，甚至扮演更重要的角色吗？

全吉男：是的。这是一定的，我们必须做到。因为以后超过50%的互联网人口将会是亚洲人，所以我们必须有50%的贡献，否则我们就只能利用欧美开发的技术。我想我们也在不断进步。在一些领域，我们做得很好；在另一些领域，我们还做得不好。但是，其他地区也是这样的。

---

① IPv6，全称为Internet Protocol Version 6，即互联网协议第6版。IPv6是国际互联网工程任务组设计的用于替代现行版本IP（互联网协议第4版）的下一代IP。

访谈者：您也高度关注中国的进展，是吗？之前您提到过中国经济快速发展，是世界第二大经济体。

全吉男：是的。这么说吧，如果中国做得不好，那么亚洲就做得不好。中国是必要的条件，印度还不是必要的条件。印度还不是主要的参与者，但中国是主要参与者。

访谈者：为什么会这么说？

全吉男：因为人口。中国是个中心，亚洲的中心。

访谈者：您常来中国吧，第一次来是什么时候？

全吉男：20 世纪 80 年代，当时我想尝试着把互联网带到中国，但真是太困难了。有一年我在一次会议上遇到了一个中国人，叫钱天白①。我说，让我们为中国开发互联网吧，那是 1987 年。那之后我来了中国差不多 40 次。因为在一些领域，中国扮演着重要的角色，我必须常常来中国。

---

① 钱天白，1945 年出生，工程师，互联网专家。我国顶级域名“.cn”的首位行政联络人。1994 年 5 月 21 日，在钱天白和德国卡尔斯鲁厄大学的协助下，中国科学院计算机网络信息中心完成了中国国家顶级域名服务器的设置，改变了中国的顶级域名服务器一直放在国外的历史。于 1998 年 5 月 8 日逝世。

另外，我也相信，中国做得很好。

访谈者：您觉得中国怎样才能更好地为互联网发展贡献力量？

全吉男：我正在研究那些还无法使用互联网的人口。粗略地说，我们有近 40 亿互联网用户和 40 亿非互联网用户。对于那些无法使用互联网的人，我们可以做点什么呢？同样，在中国，50% 的人是互联网用户，能够上网，50% 的人不是。中国有钱、有技术，基本上具备所有的条件。如果中国解决了剩下的 50% 无法使用互联网的人的问题，那么也可以解决全球的这个问题。因为亚洲其他地区，还有非洲，基本上都是一样的，没有钱，没有技术。中国很幸运，拥有技术，而且有足够的钱。所以这是中国必须带头的领域。而印度还不行，没钱，也没有技术。非洲，更是根本不可能。

访谈者：目前，网络治理几乎都是由美国和欧洲主导的，亚洲国家和地区可以做些什么来分担责任并加入互联网治理团队呢？

全吉男：我推崇的是每个国家，尤其是一些主要国家拥有自己的网络治理模式，然后再合作达成全球化的共识。所以中国首先要有自己的模式，美国的模式在中国不会起作用，欧洲的模式也没用，这些都不行，必须拥有自己的模式，印度也是如此。然后我们再开始合作。如果我喜欢你的模式，那我们可以一起创造亚洲模式，然后我们再与欧洲和北美合作，但我们目前还没有这样的水平。

访谈者：如果中国能够做到这点，那将是中国最大的贡献。

全吉男：对。中国必须这么做。因为中国已经开始意识到这一点，所以我很乐观。我的意思是中国人很聪明，特别是那些政府官员，很聪明。他们知道需要这么做，否则中国会有一个糟糕的互联网，并且无法长期发展。

访谈者：关于乌镇（世界互联网）大会我有个疑问，我想听听您对人工智能的看法。您觉得人工智能会如何影响人类的未来？

全吉男：我想对乌镇建议 2018 年设立互联网和人工智能论坛，然后讨论这些问题，不只是人工智能。人工智能需要互联网，互联网也需要人工智能。在我看来，它们是互补的，不能忽视，否则会得到一个糟糕的体系。互联网是基础设施，没有这种基础设施，什么都行不通。而人工智能是一种补充，有了人工智能将变得更有效率，拥有更高的性能。所以互联网和人工智能需要结合，共同发展。乌镇大会还没有人讨论这个问题，实际上世界任何地方都没有人讨论这个问题。那我们为什么不讨论呢？我们不要等待美国人或欧洲人有所动作，我们可以先邀请他们，比如人工智能的基础研究，剑桥和牛津做得非常出色。

访谈者：最后一个问题，关于亚洲地区的互联网发展，您会把它分成哪几个阶段？

全吉男：你说的是亚洲还是全球？

访谈者：亚洲。

全吉男：我觉得亚洲可以分为两个阶段，20 世纪的赶超阶段和 21 世纪的平等合作阶段。20 世纪是赶超阶段，21 世纪不再是追赶了，在某些领域我们领先于美国，有些领域我们仍然落后，有些地方我们是一样的，所以算是平等的合作阶段。

关于这点我要抱怨一下中国，中国认为亚洲是落后的，其实亚洲并不落后，中国必须改变这个观念。其实亚洲与欧美现在是处在同一水平的合作关系。在某些领域，亚洲做得更好，当然一些领域相对落后，亚洲的情况就是这样，包括中国。但我看到这次乌镇大会，中国邀请了很多美国人，并没有邀请来自亚洲的领导者。你知道为什么吗？因为中国仍有这样的心态：我们是落后的，我们必须学习。如果中国是亚洲领导者，甚至和美国一起作为全球的领导者，那么你必须照顾到亚洲其他地区，比如邀请印度，这也是一个领导者，还有印度尼西亚。让我们邀请互联网行业的领袖，不只是官员。中国总是带着那种心态，即使发展到了一定水平，在许多方面已经达到与美国同等的水平，也仍然认为自己是落后的。这种心态必须改变，否则会产生不好的影响。在美国有句俚语，五百磅的大猩猩，想坐哪儿就坐哪儿！所以中国要从心态上进行改变。

访谈者：回顾您一生的成就，哪一件是您觉得最值得骄傲的？

全吉男：我仍然觉得是1982年在韩国开发了互联网。我们开发了一个国内网络，这几乎是个奇迹。其实，当时我也没有百分之百的把握成功。我曾想，天啊，如果我们做不到，我该怎么办？那些年轻的研究员没有任何经验，不可能让他们永远这样工作，必须有成果，否则他们无法坚持下去。所以我当时真的很担心。

访谈者：您对亚洲互联网发展的贡献让我印象深刻。您觉得还有谁为亚洲互联网发展做出了重要贡献？

全吉男：有一个，是开发 WIDE 项目[①]的村井纯[②]。你们采访他了吗？你们应该采访他。他原本在这里，昨晚离开了。

访谈者：村井纯是哪个国家的人？

全吉男：日本。他做了很多世界第一的事情，比如，推动全球 IPv6 的建立，还有无线传感器网络（WIDE 项目）。亚洲在某些领域必须做到第一。他做 WIDE 项目时，我问他那是在做什么，他说在一些大城市，假设大约 500 辆出

---

① WIDE 项目，即大范围集成分布式环境（Widely Integrated Distributed Environment）项目。WIDE 原本是庆应义塾大学、东京大学、东京工业大学三所大学的数据网，后来以此为契机他们创立 WIDE 研究会（1985 年成立）。WIDE 项目是 1988 年跨越多个大学之间结成的关于互联网研究和运用的项目，担负着在日本国内引进与互联网有关的技术的任务。主要组织互联网相关人员的交流，进行各种各样的技术实验、运用和研究，同时也进行着经由大学、研究生院新加入的学生成员的培养。

② 村井纯（Jun Murai），1955 年出生。1984 年，开发了日本第一个大学间网络——日本大学 UNIX 网络（JUNET），因此被称为“日本互联网之父”。1988 年，创立了 WIDE 项目，并担任董事会成员。2005 年，获得由国际互联网协会颁发的乔纳森·波斯特尔服务奖。2013 年入选国际互联网名人堂。

租车联网，你就可以知道哪个地区下雨了。因为如果下雨他们会使用雨刷，然后我们就可以获取信息。气象站没法这么快就知道，但是出租车司机马上就知道了，通过无线传感器网络可以获取非常精确的信息。他大约 15 年前就开始做这些，是这方面的世界第一人。他就是这样，总是喜欢做别人想不到的事情。

访谈者：村井纯现在多大年纪了？

全吉男：嗯，他刚过 60 岁。我第一次见到他的时候，他还是个学生。但他太优秀了，所以我非常喜欢他。他们做了许多世界第一，其中大多数是技术、工程，这些研发并称为 WIDE 项目，非常出色。近期，中国在技术、工程两方面也表现很出色，比如阿里巴巴等公司在电子支付领域的技术绝对领先于美国，而腾讯的微信系统，也领先于美国。在大学里，超级计算、量子通信[①]（不是量子计算），中国在美国之前就开始研究，也是领先的。中国在等待一

① 量子通信，指利用量子纠缠效应进行信息传递的一种新型的通信方式，是近 20 年发展起来的新型交叉学科，是量子论和信息论相结合的新的研究领域。

个机会，一旦有了势头，就会在前面等我们了，这需要一定时间。韩国的行动速度要快得多，中国需要更多开始的动力，但是一旦有了发展势头，就能一直保持下去。我很欣赏这一点。

访谈者：还有个问题，中国与韩国之间有没有什么好的合作前景？

全吉男：我们一直在做。中国、日本和韩国，我们在很多方面进行合作。我觉得我们有义务合作。如果我们不领导、不合作，亚洲就没有未来，所以我们的合作是一个必要条件，不是充分条件。就像我说，让我们签署一个CJK互联网联盟谅解备忘录①。如果出现问题，我们该怎么做。又如，让我们成立一个亚洲互联网组织吧，然后我们就做了。学术上、商业上，我们都在做。当然，在政治上我们也在做，只不过这方面不那么容易。但是，我们已经在进行了，我们还应该做得更多。确切地说，我们

① 2002年11月27日，中国互联网协会与日本及韩国互联网协会共同签署“CJK互联网联盟谅解备忘录”。CJK是Chinese（中文）、Japanese（日文）、Korean（韩文）三个单词的缩写。

有责任领导。不是说我们拒绝其他国家的合作，但我们必须领导。

访谈者：非常感谢您愿意花时间接受我们的采访。我希望您能为“互联网口述历史”项目写一段话，可以是对“互联网口述历史”项目的寄语，或者是关于互联网历史的，您可以写任何您想写的。

全吉男：哦，我知道了。（书写中）对了，你们知道西班牙的安德烈 · 维阿 · 巴罗[①] 吗？

访谈者：哦，知道知道。他在记录互联网历史这方面做了很多工作。温顿 · 瑟夫把他介绍给了我们。他是温顿的好朋友。

全吉男：如果你可以和他合作的话。他是第一个做互

① 安德烈 · 维阿 · 巴罗（Andreu Veà Baró），1969 年 4 月 6 日出生于西班牙。他是互联网方法和使用的伟大捍卫者，与“经典的 PTT 电信方式”相反，他促进并主持了 ESPANIX（西班牙主要的互联网交换点），并在马德里和巴塞罗那安装了 13 台 DNS（域名系统）全局根服务器之一。他当选为大陪审团西班牙杰出专家。他是国际互联网协会西班牙分会（ISOC-ES）的创始人和现任主席，并且是唯一一位入选国际互联网名人堂顾问委员会的欧洲人。

联网口述历史的。他做了全球100个互联网先驱的采访，有很多资料，还用西班牙文写了一本书。我催了他三四年，这本书应该用英文出版，因为他所有的采访都是英文的。但是因为他英文不好，就用西班牙文写了。他需要有人或者有组织来帮他做英文版。这本书很厚，但如果是西班牙文，没有多少人会去读。

访谈者：那太遗憾了。

全吉男：他是个人行为，所以无法做所有事情。所以如果你们可以合作的话……

访谈者：是的，或许可以。

（全吉男书写完成）

访谈者：非常感谢。让我来读一下："希望你们通过与亚洲、北美和欧洲各方面的合作，能有更好的采访。"这也是我们的目标，包括非洲。"如果你们需要任何支持，请告诉我。祝你们好运。"非常感谢。我会把您的名字写在书里。

全吉男：如果你们去非洲采访，我认识不少人。我甚至在那成立了一个组织。

访谈者：在非洲也有？太好了。我们来拍张照片吧。

全吉男：好的。

访谈者：您就是我心目中的英雄。我在美国有一些韩国朋友，其中一位是传播学博士，他是韩国第一位传播学的学者。我相信他一定很熟悉您，我要告诉他今天对您进行了访谈。非常感谢您的支持和协助。

第二次访谈

访 谈 者：方兴东、金文恺
日　　期：2019年8月25日
地　　点：美国洛杉矶

访谈者：您好！任何您需要休息的时候，我们可以随时暂停。

全吉男：预计采访要多久？

访谈者：两三个小时可能比较好，这样我们可以有更多的选择，可以在关于您的书里加入一些细节。我们中间会休息一下。

全吉男：有两台摄像机？

访谈者：是的，我们需要两台，一台是您的近景，一台用来切换场景，以便根据需要录一些别的东西。

今天是2019年8月25日，我们很荣幸邀请到全吉男在洛杉矶一起做这一期的互联网口述历史采访。

首先，请您对着这个镜头说一下您的名字和生日。

全吉男：我是全吉男，出生于1943年1月3日。

访谈者：好的，首先请您跟我们分享一下这次在洛杉矶登山的经历。

全吉男：我每年夏天都来加利福尼亚州，去登山，就像一个工作假期，写东西，读书，准备下一本书，还有其他的事。通常我在山上大概待两周，但这次我待了三周，很享受，很舒服。我到的时候还有人在滑雪，那是在7月底，太不可思议了。这个时候还有这么多雪的情况，已经六七十年没出现过了。我很享受登山，我还每天去游泳，因为那儿有个泳池。

访谈者：您每天什么时候去游泳和登山，怎么安排时间？

全吉男：看情况。我一般早上去登山，争取午饭时回来，一般登3~5个小时，走5~8英里[①]，爬3600~3700米左右。但我现在不再进行真正意义上的登山了。

访谈者：这三周您是一个人，还是会见一些朋友？

全吉男：我妻子会跟我一起去山上，她也写作，下午我们会进城转转，或者读书、写作、游泳。

---

① 1英里约合1.6千米。——编者注

访谈者：她平时跟您一起登山吗？

全吉男：不一定。因为她的速度跟我非常不一样。这10年间的每个夏天，我通常都跟我妻子一起去约塞米蒂国家公园[①]。因为约塞米蒂的山要高得多，我们一起只爬过一次，爬到大概10000英尺[②]，约3000米。感觉非常好。

访谈者：能再分享一些关于登山的感受和想法吗？毕竟您曾经考虑过成为职业的登山运动员。

全吉男：我从中学一年级，也就是12岁时起开始登山。

访谈者：那是哪年？

全吉男：很多年前了，大概65年前。我登的第一座山是富士山，海拔大概3700米。这对于一个12岁的孩子来说是一次超乎寻常的体验。从那之后我每年夏天都登山，攀登被冰雪覆盖的富士山成了我的习惯。

之后在大学时代登山，我运气不怎么好，不是我自己，

---

① 约塞米蒂国家公园（Yosemite National Park），位于美国西部加利福尼亚州，内华达山脉西麓，峡谷内有默塞德河流过，占地面积约1100平方英里，内华达山峰海拔在610米到4000米之间不等。

② 1英尺等于0.3048米。——编者注

是我们的登山团队出了几起事故，从而导致整个社团被迫停止登山一年。那些事故对我打击不小，因此我也停止登山了，只是去滑雪，或者去那些可以滑雪的山，这些都不难。

1966 年我来到加利福尼亚州，看到了很多山。这些山太壮丽了，通常海拔都在 4000 米，有一些山的海拔有 3500 米，另一些则有 3000 米，这感觉太棒了，于是我又开始了登山，这种体验非常好。最终我成为一名专业登山者，包括攀岩和攀冰。

我登顶过丹奈利峰[①]，也叫作麦金利峰，是阿拉斯加最高的山。那种体验美妙到让人难以置信。我也攀登过欧洲的阿尔卑斯山脉[②]，也在约塞米蒂攀过岩。如果你去约塞米蒂国家公园，进去以后你就会在左手边的峡谷里发现一块

① 丹奈利峰（Mount McKinley），位于阿拉斯加州东南部，阿拉斯加山脉中段。海拔 6194 米，是世界登山爱好者的汇集之地。每年 5 月到 7 月有数百人登山，但只有不到一半的人能登顶成功。登山一次约花 3 个星期。

② 阿尔卑斯山脉（Alps），位于欧洲中南部，平均海拔约 3000 米，其中有 82 座山峰海拔超过 4000 米，最高峰是勃朗峰，海拔 4810 米，位于法国、意大利和瑞士的交界处。

巨大的埃尔卡皮坦岩壁[①]，也被称为酋长岩。那是一整块花岗岩，可能是世界上最大的一块。它就矗立在那里，最高可能有5000英尺，就是1500多米。我曾经攀过容易一些的，但即使是这样，也要一两天才能完成，晚上就睡在岩石上，这都是很好的经历。

访谈者：从1966年后您就从没停止过登山?

全吉男：我读博的时候几乎成了一名专业的登山运动员，但最终还是放弃了登山。虽没有完全放弃，但几乎也差不多。之后我就专心完成了博士学位。

访谈者：您为什么这么喜欢登山?

全吉男：这是一种挑战。如果你看到一座世界上从来没人登过的大山或者岩壁，肯定觉得登顶非常困难，如果我用某种方法登顶，那我是不是就成为史上第一个成功登顶的人呢？这无疑是一种挑战，无论是技术领域，还是登

---

① 埃尔卡皮坦岩壁（El Capitan），也被称为酋长岩，位于美国加州约塞米蒂国家公园内，是一块近乎垂直的大岩石，高达914米，也是世界上最难攀登的岩壁之一。

山领域，都是如此。

人总是想要一些挑战，我恰好又非常善于登山。我体力和耐力都不错，又非常健康，身体各项机能都挺好，所有的一切都是为登山而生的，所以我想要这种挑战。

但我们总会想万一发生意外怎么办？我该做什么？如果出事故了怎么办？因为攀登没有绝对的安全保证，总是有发生事故的可能性，比如我在山上，天气变差了，这个时候生存下来就变得至关重要。这些挑战对于年轻人来说，是可以完成的。

我当时就受到这种挑战的诱惑，不过我来美国是打算读博的，然后回韩国，这样我就可以帮助韩国乃至亚洲。

访谈者：对许多人来说一项爱好可能保持 10 年、20 年，就厌倦了，您是如何一直保持对登山的爱好的？

全吉男：对于我来说，登山并不算是爱好，更像是一种职业，一项终身挑战，跟爱好不同。爱好是那些你很享受去做的事情，登山更像是一种挑战，在技术领域也是一样。有些事情之前从来没人做过，但我觉得自己可以做到，无论是在技术领域还是在登山领域。尤其是在人年轻的时候，二三十岁血气方刚，谁不想要这种挑战呢？当然想要！

访谈者：所以您把登山看作一种职业？

全吉男：没错。实际上，我完成博士学位，并在美国国家航空航天局下属的喷气推进实验室担任技术研究员，一直工作到1979年。然后我回到韩国，脑海中始终记得一件事情，就是我需要帮助韩国开发计算机。因为韩国想进军高科技领域，但那时候韩国跟中国一样，只有半导体计算机和电信交换系统，所以他们邀请我回韩国从事计算机开发的工作。除此之外我还做一些计算机网络的工作，这些与计算机相关的工作更贴近我的领域。

与此同时，我仍然不能放弃登山，我遇见了韩国最好的登山俱乐部。他们太棒了，但对于韩国之外的登山的情况完全不了解。他们非常好，却根本不知道自己有多好。我跟他们比较过，在专业登山领域他们的水平处于世界领先地位，这令人难以置信。他们比我好太多了。虽然从总体上来看我还不错，但我并不是顶尖的，攀岩更没有那么好。但是这些俱乐部里的成员登山能力好到令人难以置信。他们只是没有国际经验，也没有攀冰岩的经验。他们只是单纯的攀岩，还有冰岩结合的那种，这些是不一样的项目类型。当时他们正在进行一项挑战，就是去攀登欧洲最难的三座山。如果能登完全部三座山，就可以被视为专业的登山运动员，进入世界顶尖的100名登山运动员的名单。他们当时就在进行这项挑战，并且完成了其中一座。随后他们遇到了我，我说你们绝对可以完成剩下的两座，不会有太多问题，我们一起吧，然后我们就实现了，而且这个过程体验非常好。他们非常优秀，而且很享受这个过程。

第二年，我又提议“我们试一下喜马拉雅附近没有人登过的山吧！这样我们就是世界上第一个登上这些山的人”。因为登这些山极其困难，人们认为这是不可能完成的。但是我分析了这些山，认为是可以挑战的。如果你是世界上最好的登山队员，那么你就能完成，并不是不可能的，最终他们成功登顶了。可惜我没能去，当时我正忙于开发互联网。第一年他们没有成功，这并不是一件坏事，因为很难第一次就成功，登山并没有这么容易。第二年他们成功了，非常棒，不过他们失去了一位成员。

访谈者：这是哪一年？

全吉男：1982 年，同一时期我成功开发了互联网，这使韩国成为继美国之后，世界上第二个拥有互联网的国家，我当时状态非常好。但是那座山对于他们来说太难了，他们很难消化自己成为世界上首个成功登顶这座山的人的事实。从那之后他们不再进行这样的尝试，只是进行一些常规的登山活动，比如做第 10 个或者第 15 个登顶者，而不是做世界上第一个登顶的人。

访谈者：请分享一些您在登山方面最大的成功，或者曾经遇到过的危险情况。

全吉男：刚才提到过的欧洲必登的三座山，1980年我登顶了第二座，马特宏峰[①]。通常情况下登顶需要两天，必须要在坚硬的“床”上过夜，但它是一个非常好的挑战，我很享受这个过程。不巧的是当时下雪了，雪落在岩石上意味着难度加大。因为即使没有雪，岩壁也不容易攀爬，如果岩壁上有雪，攀登就会变得更加困难。但是，对于我而言问题不大，因为当时同行的成员非常棒，都是世界顶级的选手，所以没有什么问题，我们都成功了。我本来想登另一座，后来却不得不回到研究机构进行互联网的开发工作，他们还问我能不能回去。登山实在是太令人享受了。

我也非常享受登丹奈利峰，这座海拔6000多米的山在北极，并不容易攀登，那里温度很容易降到零下10摄氏度、20摄氏度、30摄氏度，甚至40摄氏度，除了冰和雪什么都没有，不过却是一种非常好的体验。

---

① 马特宏峰（Matterhorn），位于瑞士瓦莱州小镇采尔马特，海拔4478米。

访谈者：成功登顶，下山之后是什么感觉？

全吉男：我很难用语言去解释，登山的人能够体会，肯定会有“我没出事故，而且登顶了”的感觉，因为即使你能够登顶，但出了事故，也不能算是成功。在没有事故的情况下完成登顶，才能叫作成功。在这个时候你才会感觉“哦，我成了”。

访谈者：那是会就此满足，还是想继续挑战？

全吉男：我有个登山心愿单的，里面写的是我下一座想登的山，单子上总是有 3 到 5 座山。

访谈者：所以登顶成功会给您更多的信心？如果这次成功了，就会更有信心去登下一座。

全吉男：没错。就像攀登马特宏峰北壁一样，对我来说这是一次新的体验。因为即使对于专业攀岩者来说，这也不是件容易的事情，而我完成得还不错，所以我确实有了更多自信，认为自己可以尝试挑战更难一些的山。

访谈者：您会觉得这是一种很危险的想法吗？

全吉男：不，就像我刚才说的，重要的是成功。如果你登顶了，并下来了，且没有什么事故，才能算是成功。

通常情况下，如果攀登过程中发生了事故，那么不能算作成功。但一旦你成功了，自然会想尝试一些更难的。我总是想找一些更难的，这与研究类似。我们进行研究的时候，如果成功了，就会寻找下一个更难一些的目标，而且会认为自己可以，因为有前面的成功。对我来说，登山和做研究本质上是一样的。

访谈者：我喜欢您的类比，但登山并不是研究。有时人们可能会过高估计自己的能力，有点类似瑜伽，瑜伽不像常规的锻炼，练瑜伽时人们会尽量拉伸身体，有时会达到四肢的极限。人们有时会尝试做一些之前没有做过的动作，这样的动作可能会很危险，甚至伤到自己，但之前的成功会让人过于自信。您觉得这种想法会不会最终形成一个很危险的思维模式？如何去平衡它？

全吉男：首先你必须要保证能够安全回来，这样才能尝试登另一座山。如果你受了重伤，就再也不能登山了。这种想法多少会影响你。这和研究也是一样的。我在加州大学洛杉矶分校读博时，一度非常幸运。我们的课题很好，而且三四个月之内我就有了一个解决办法，我的老师对我说，“我觉得你的博士学位已经完成 95%~98% 了”。我就想，只剩 3% 左右了，那我一年内就能博士毕业。在专业技术领域，一年内就完成博士论文是基本不可能的，后来这也并没有成真，我一年内没有取得任何进展。如果当时我就卡在那儿，不做出任何改变，那么我可能会在接下来的四五年里一事无成。所以一年后我放弃了之前的解决方案，采用了一个完全不同的方法，虽然是一个非常费力的方法，且并不精巧，但是我们解决了问题，最终我用了两年时间完成博士学业。

这与登山是一样的。你必须要控制自己，首先要能够确保自己安全下山。要进行判断是非常难的，你必须要进行某种分析——你是怎么开始的，难点是什么，怎样才能登顶，然后成功，下撤。你的分析必须要非常好，这和研究是一样的。你在执行前必须要进行这些分析。所以，我也建议我的学生进行真正的登山运动，这样可以挑战极限。

不断挑战人的心理和生理极限，内在的感觉是很好的，这样才能有一个好的平衡。如果只挑战心理极限，你会失去平衡，可能会头疼得厉害，或者变成很奇怪的那种人，等等。人类不是这样被创造的。所以要有两者的平衡，如果精神上已经很累了，这个时候就应该让身体变得非常累，在两者都很累的情况下，好好休息一天。等缓过来了，就又是活力充沛的一天。

访谈者：在您的定义里，什么是“成功”？

全吉男：成功意味着完成计划完成的事情。

访谈者：那如果我跟您是一个团队，您登顶了，我没有，我受伤了，那算成功吗？

全吉男：这时你就要做一个判断，它有游戏规则。如果是一个 5 到 10 人的团队，有一个人登顶了，这算成功吗？或者绝大多数人登顶了，但一两个人没有，你会认为它是成功的吗？这些都不是绝对的。

我不知道这个例子合不合适，但举一个极端的例子，这个例子是关于世界上最难登的山——珠穆朗玛峰（以下简称珠峰）的西南壁。如果从尼泊尔而不是中国那一面登，你面对的就是珠峰西南壁，它就矗立在那里，从来没有人登顶过。有这样一支英国队伍，可能也是迄今为止世界上最好的登山团队，尝试了从珠峰西南壁登顶，而且成功了。那是第一次，也是最后一次。珠峰西南壁就是这么难，没有人可以重复登顶，非常危险。当时是第一小分队先登顶，后面还有第二支小分队，他们可以选择放弃，因为即便技术再完美，也很危险。第二支小分队被告知最好不要尝试登顶，因为出现事故的概率非常大，但他们坚持登顶，哪怕是为了自己的体验，也不能放弃。后来其中一名队员消失在峰顶，同行的队员最后一次看到他是在峰顶，之后就再也没见到。因为当时雾很大，看不见周围，而这也是乐趣所在。因为珠峰西南壁实在太难了，而且从来没有人做到过，所以这次登顶真的被认为是一种成功。

在第二支小分队里，队长告诉他们，“我不能禁止你们登顶，但我不建议你们登顶，因为太危险了”。队员们说，“没关系，我们可以承担风险”。这是一个非常极端的例子，就像临界点一样。但在面对类似“世界首次”这样的极端情况下，他们判定登山成功可能会发生，就像人类登月一样，我们面对着类似的风险，对不对？他们还是去做了。所以你需要做判断，如果必要的话，你应该说明你在做什么，你计划做什么。这就是我看到的临界点。这就是我在 20 世纪 70 年代达到顶峰的登山生涯。

后来我很幸运，因为互联网很成功，韩国是世界上第二个成功建立国内互联网的国家。后来我们开始很忙，我又承担了额外的挑战，我想把这些专业知识传播给亚洲其他国家，因为我在很多方面都有优势，开发阿帕网的人都是我的同学，我认识他们，可以随时问他们问题。而且我还有在美国国家航空航天局和美国公司工作的经验，他们有非常好的计算机网络，而且这些专业技术和知识都不是保密的，所以我想把这些都带给整个亚洲。这样整个亚洲，包括中国，就都能知道如何从零开始，他们可以从我开始的地方起步，这样会容易很多。

访谈者： 我在想关于您这本访谈的书的书名——《与成为著名登山家一步之遥的亚洲互联网先驱》。我很喜欢您对成功的定义，没有遇到任何意外，毫发无损地爬上山顶，这是真正的哲学。

全吉男： 这些经历太艰难了。比如大一爬山时，我们遭遇了一次严重事故，我恰好与出事的这个人是高中校友，当时他奄奄一息，叫不出声，一点力气也没有了。我们把他抬了下来，好让救护车来接他。下山花了好几天的时间，那天晚上他可能随时都会去世，我一直和他待在一起，就像家人一样陪在他身边。因为我是他最亲近的人了。那时我才 18 岁，当时他身上的气味不太好闻，整个人都发黑了，呼吸的样子像是垂死之人，还好最终活了下来。他曾是登山俱乐部最帅的男生，那场事故之后，他变得像个漫画人物。

访谈者： 他是韩国人吗？

全吉男： 不是，他是日本人。当时他看似睡着了，其实可能随时会死掉。对此我产生了一些心理阴影，几个月都没法说服自己再登那座山，还把登山设备都借了出去。他一路都在沉睡，就像80岁的老人。这些经历太艰难了，你必须毫发无损地回来。在美国时，我失去了一个最好的朋友，但从某种意义上来说，我也是幸运的，因为我没和他在一座山上，逃过了一劫。他是我亲密的登山伙伴，因为我那时在韩国，他就和加利福尼亚州的另一个搭档去登山了。我很伤心，如果我和他一起的话，也许他就不会死。

这些经历都告诉我们，成功就是你必须毫发无损地回来。

访谈者：失去这么亲近的朋友，那场事故会让您引以为戒，重新思考登山这种运动吗？

全吉男：对，不只是登山，还有其他事情，我从登山中汲取了教训，甚至把它当成项目在做。我们这么做合适吗？考虑得周到吗？在美国项目失败很正常，因为我们没有计划好，诸如此类的原因。

访谈者：除了登山之外，您还有别的爱好吗？运动和阅读？

全吉男：在学校时是登山，还有滑雪，冬天有很多雪才能滑。因为雪在山上，所以必须移动，用滑雪板登上去，这是有技巧的，把东西放在滑雪板底部，有点方向性，可以在前面移动。我还喜欢大海，所以也喜欢潜水，加利福尼亚州很适合潜水，潜水最好的地方是圣卡特琳娜岛[①]，从我这儿就能看见那座岛，还有大海。那儿风景很好，开车一晚上就能到，是个很小的镇子，十分钟就能逛完整个小镇，那里还出产长达20米的加利福尼亚州巨藻，非常大，我在潜水时拍了一分钟的视频，很有趣，拍摄时必须要保持静止不动，因为水里的草一直在移动，非常有趣。

访谈者：您很喜欢和大自然互动。您不做球类运动吗，比如打篮球？

全吉男：嗯，我不喜欢球。你知道为什么吗？因为所有的球类竞赛，在和对手竞争时，有时候会用一种让对手犯错那样的技巧来赢，我一点都不喜欢这样。

访谈者：所以您喜欢和自然对抗？

---

① 圣卡特琳娜岛 (Santa Catalina Island)，位于美国加利福尼亚州沿海。

全吉男：不全对，是和自然合作。我不喜欢诱使对手犯错。

访谈者：您更喜欢亲近自然。

全吉男：对，和自然相处。

访谈者：您为何选择加州大学洛杉矶分校？

全吉男：其实做这个决定还挺简单的。对于我来说，无论去欧洲还是美国都没多大差别。但那时候我不太熟悉欧洲，美国好歹还有一些认识的人，所以在大学毕业后，1966年我去了美国。当时可以选择加州大学洛杉矶分校和卡内基梅隆大学，但是我不知道位于匹兹堡的卡内基梅隆大学是个好大学，它的计算机科学是王牌专业，我那时并不知道，我就是在加利福尼亚州和匹兹堡之间做选择，而匹兹堡看起来不怎么样，它依赖于旅游业和钢铁工业，空气不好。我喜欢加利福尼亚州，所以去了那儿。假如我去了卡内基梅隆大学，也许就不会研究互联网，而是仅仅研究计算机体系结构了，因为那时这个学校在这个领域是最顶尖的。

访谈者：要来美国的这个决定和当时的教授讨论过吗？

全吉男：没怎么讨论，因为日本人没怎么去过美国，他们不太了解。我只知道加利福尼亚州气候宜人，环境优美。

访谈者：您上大学时，最擅长或者说最喜欢哪门课程？

全吉男：在日本的大学吗？一般般吧，我不是最优秀的。我是工程科学学院，修了三个专业，很多同学都不是双专业，而是修三个专业，工程学、物理学和数学，我也是，修了三个专业，算很多了。

访谈者：所以您没怎么花时间研究文化或者文学之类的？

全吉男：我没有很多时间研究这些，因为修三个专业太忙了，大一时就要开始研究主要领域。不知道你能不能理解，当时是从埃尼阿克计算机[1]向泰坦计算机[2]转型。我的硕

---

① 埃尼阿克计算机（Electronic Numerical Integrator And Computer，缩写为 ENIAC），于 1946 年 2 月 14 日在美国宾夕法尼亚大学诞生，发明人是美国人莫克利（John W. Mauchly）和艾克特（J. Presper Eckert）。ENIAC 以 18000 个电子管作为元器件，又被称为电子管计算机。ENIAC 是继 ABC（阿塔纳索夫 – 贝瑞计算机）之后的第二台电子计算机，也是世界上第一台通用计算机。

② 泰坦计算机，由美国田纳西州橡树岭国家实验室研制的一款超级计算机，其所有元件占用的空间约为一个篮球馆大，约有 2.5 米高。

士论文是关于埃尼阿克计算机的，当时我在思索是应该研究埃尼阿克计算机还是泰坦计算机。我的爱人擅长埃尼阿克计算机，一般论文都写泰坦计算机。顺便提一下，我来到美国，已经没有埃尼阿克计算机了。这给我敲响了警钟，完全不一样了，我必须做出改变。之前我在这两台计算机之间纠结，纠结要选埃尼阿克计算机还是泰坦计算机。但是来到美国之后，我还记得教授对我们说的话：你们知道我们有个超级大的计算机，大到占满这整栋建筑和另一栋建筑吗？你们知道计算机会变成芯片这般大小吗？我那时理解不了，大到占据整个建筑，又小到芯片的大小？我想学习更多的东西，而不仅仅是计算机结构体系。情况在变化，他是对的，半导体芯片开始产生影响，使用微处理器。能在学术道路上一直走下去，很幸运我能遇到这样的教授告诉我们这些事情，因为我一直以为电脑要占满一栋巨大的建筑。情况就是这样。

访谈者：您还记得对您而言很重要的教授的名字吗？

全吉男：我不太记得日本教授的名字了，不过有些物理教授让我印象深刻，我不太理解他们看待物理学的方式。嗯，物理学是了不起的研究领域，不过我不太擅长，这不是我的领域，在日本也找不到数字计算机或数字信息方面的专家。但是来到加州大学洛杉矶分校完全不同，给了我当头一棒。其中有伦纳德·克兰罗克教授，他解释什么是阿帕网和他即将做的研究，他讲得很慢，像研究这个问题的数学家一样，解释信息交换是如何实现的，工作原理是什么，必须要万分谨慎，否则做错一步，满盘皆输。我读了那些以他博士论文为基础的文章，从而对这类网络应用程序产生了很大的兴趣，这太了不起了，但同时我又十分沮丧，因为我不断地在思考自己要怎么做才能像他一样。

访谈者：您第一次见到他是什么时候？

全吉男：1970 年，我选了他的课。1971 年他出版了他的第一本教科书。他所授的课程是第二卷的手稿，第二卷分析的就是阿帕网。太令人震撼了，这么复杂的东西他解释得如此简单，了不起！

之后我认识了一个研究中央处理器[①]的教授，他设计了中央处理器，和现在的不太一样，他与喷气推进实验室合作一个项目，发射太空火箭到外太空，因此这些计算机要

① 中央处理器（Central Processing Unit，缩写为 CPU），作为计算机系统运算和控制的核心，它是信息处理、程序运行的最终执行单元。中央处理器自产生以来，在逻辑结构、运行效率以及功能外延上取得了巨大发展。

工作好几年。这可不容易，那时计算机只能持续工作一两天，然后就会出问题，必须关机，再拿出随机存取存储器[①]。接着他谈论有一种计算机可以连续工作几年都不会出问题，因为宇宙飞船是准备前往火星的，需要可以连续工作几年的计算机，这是最基本的。飞船上带了三台计算机。大多数人都想获胜。一般计算机只能工作一两天，而他正在设计一种可以连续工作几年的计算机。这就是我们要做的改变，真的太有趣了。这里大部分都是克兰罗克教授研究网络的同事，还有研究 IP 的天才，还有这些研究中央处理器的设计师。是的，我来对了地方。

访谈者：克兰罗克是怎么样的人？

全吉男：能看得出来，克兰罗克很聪明，每个人都觉得他很聪明。他很享受自己的聪明，也很喜欢得到他人的认可。他太厉害了，可以把那么复杂的事说得如此简单，真的很聪明，不是一般的聪明，简直是天才，能够化繁为简。

---

① 随机存取存储器（Random Access Memory，缩写为 RAM），也叫主存，是与中央处理器直接交换数据的内部存储器。

访谈者：您第一次听说阿帕网是什么时候？什么时候听说了克兰罗克的产品？

全吉男：当我来到美国之后，我跑到他的办公室，看到了显示阿帕网的图表。不过阿帕网只是众多计算机研究项目之一。在 20 世纪 60 年代后期，我参与了一个移动网络设计项目。

访谈者：移动网络？跟 ALOHA 无线网络[①]一样吗？

全吉男：不，是无线的，但跟 ALOHA 无线网络不一样。实际上这是背景资料。从 20 世纪 50 年代到 20 世纪 60 年代，有很多关于计算机网络的项目，都是研究生的研究项目，阿帕网只是其中之一。研究生们开发计算机硬件、软件和阿帕网系统，并把它们都开发出来了。

阿帕网这个团队不开发操作系统，只开发应用程序。为什么他们后来产生这么大的影响呢？在《我的梦》里记

---

① ALOHA 无线网络（ALOHA Network），是世界上最早的无线电计算机通信网，也是最早最基本的无线数据通信协议。它是 1968 年美国夏威夷大学的一项研究计划的名字，目的是要解决夏威夷群岛之间的通信问题。ALOHA 无线网络可以使分散在各岛的多个用户通过无线电信道来使用中心计算机，从而实现一点到多点的数据通信。

录着他们试图连接世界上的每台计算机。这很酷吗？我觉得这可能对大学研究有益，但对商业研究没有好处。从长远来看，他们是对的。但在那个时候，阿帕网一点也不令人印象深刻。我想可能更令人印象深刻的是移动网络。移动网络非常简单，因为从飞机到地面站必须交流。我们得到一些信息，比如海拔和纬度，你必须用语音来使用所有这些信息。如果你能发短信就更好了，对吧？那你需要一个电脑网络。

访谈者：用数据包吗？

全吉男：是的，无线通信。既用数据包，也用消息。一个运行缓慢的应用程序使用消息，总的来说，同时也使用数据包。你知道，后来证明阿帕网团队是对的，必须有人来连接世界上的每一台电脑。但在开始的时候，阿帕网并没有那么令人印象深刻。不像 IBM 的机器一样，它们更加实用，真的可以用它们。但我们不能用阿帕网。这也是区别。这是非常复杂的随机过程，一种存在各种可能性的微妙的特殊情况。根据时间变化的概率，分布链就是这样的。因此，随机过程和如何控制随机过程，是我最初尝试的排队论，这也是我跟随克兰罗克的原因，我真的很喜欢这个理论。

但不知为何在我的研究上它没有用，我觉得有点不对劲。大约三个月后我认为这是错误的做法，所以在这个问题上我的看法完全改变了。可以试着分析一下，这是一个微分差分方程。微分方程通常是一门数学学科，差分方程是一种离散化，这是微分方程与差分方程的组合。把这两者结合起来，是一个非常困难的问题。直到 50 年后的今天，这个问题还没有解决。

访谈者：您是 1966 年来到加州大学洛杉矶分校？您在加州大学洛杉矶分校待了多少年？

全吉男：是的，1966 年来的，先攻读硕士学位，用了一年的时间。之后在罗克韦尔－柯林斯公司工作了两年半，这是一段很好的经历，让我完全了解了那些美国工程师的工作，所以最后在离开公司时，我决定余生不再从事编程工作。我 1970 年回到加州大学洛杉矶分校，1973 拿到博士学位。

访谈者：您觉得加州大学洛杉矶分校的文化怎么样？

全吉男：还可以。

访谈者：有没有花很长时间适应美国生活？

全吉男：不，不，真的，我在适应方面没有任何问题。

我认为我是幸运的。我在加州大学洛杉矶分校上课的时候，我告诉过你，我做了中央处理器设计，我喜欢那门课和那个教授以及他的教学方法，我在课上做了很多讨论，提了很多问题，我是最活跃的。教授喜欢我的方程式和一切，所以如果你在第一学期有这样的经验，选择已经结束了。

访谈者：您总是坐在教室前面吗？

全吉男：不，没必要。不过我几乎都坐在前面。他的课很明显大部分时间都在和我说话，所以如果我当时坐在后面，就不容易和他交流了。我甚至想把中央处理器设计作为我的主要领域，但我去了喷气推进实验室担任技术研究员。

访谈者：您是个很好的学生。

全吉男：是的，我从努力做一个好学生开始。因为那是对的。只要确保在第一学期拿到一个 A+，以后就没事了，就不用上很多课。如果我们想攻读博士学位，基本上 A+ 是个好的开始。

访谈者：对。这就是为什么我告诉我的学生必须总坐在前面，还要问问题，这样你就得到 20% 的成绩，然后至少一个学期去两次办公室。顺便问一下，您去过办公室找老师聊天吗?

全吉男：偶尔去。

访谈者：您说教授总是和您互动。

全吉男：是的。

访谈者：好学生经常这么做。

全吉男：第一学期我养成了好习惯，我很幸运。

访谈者：1982年，您是如何在韩国开始互联网的事业的?

全吉男：1979年我回到韩国，在电子与电信研究所工作，主要工作是开发公司生产和销售的计算机系统。由于我的研究领域是计算机网络，所以我决定额外进行计算机网络研究项目。我花了大部分时间在计算机上，小部分时间在计算机网络上。我很幸运或者说我做得很好，这两个项目都很成功。那时，互联网一点也不流行。计算机网络不容易搞，比如规划之类的，我得搞清楚韩国要建什么样的结构。这是一套十多台计算机联网工程中的一个。我很幸运，韩国也很幸运，因为我认识建立阿帕网的那些人，都是我的同学，我和他们很熟悉。

我没有选择美国国家航空航天局的移动网络，即使它很有趣。我判断得很准确，坚持要开放的网络，而不是封闭的网络。开放网络，不仅仅是一个协议，还有操作系统，一切都是开放的系统，我坚持这一点。原因很简单，韩国没办法维护系统，开发不是那么难，但维护是不容易的，这很难。如果做到了开放，那么问题就容易解决了，可以比原来好5倍甚至10倍，所以我想保持我们的系统，我们不维护自己的，而是与美国和欧洲国家共同维护。再说一遍，我判断得很准确。尽管有些人不愿意我们使用美国的系统，特别是美国国防部使用的系统。不过我坚持我的观点，这就是当时的背景。我们必须解决使用问题，因为我们没有一个用户社区，而美国拥有一切，可以做任何想做的事。但是在韩国，我们什么都没有。所以首先我们必须建立一个用户社区，你知道，整个用户社区，必须有一些可用的网络。而且，这个系统应该得到支持，不仅仅是韩国，还有美国，可能还有欧洲，现在还有很多可维护的。所以我所有的决定都是正确的。

如果你站在现在的角度思考，很容易得出这个结论。但在那个时候，这个结论不是显而易见的。好在韩国几乎没人了解这方面，他们可以自己建一个系统，但他们不知道。他们只是看到了我所做的，却不能做出任何反对。所以不管我怎么决定，他们都会照做。

访谈者：您选择了什么软、硬件和协议？

全吉男：我想我做了正确的决定，选择了 UNIX 系统。实际上，这和计算机开发是相同的系统。我坚持使用 UNIX 系统，因为它是开放的。硬件就是独立的。只要 UNIX 操作系统能用，我不在乎用什么硬件。实际上，我们把开发的一些计算机作为任务项目，有一台装了 UNIX 的计算机。然后协议指定 TCP/IP，因为它是开放的协议，而且是开源的。当然，还可以使用其他一些协议，例如在连接美国和韩国时，我们不能使用 TCP/IP，因为美国政府根本不使用国际连接，我们需要使用一些附加的协议，称为 UUCP[①]。因为阿帕网中有几个支持 UUCP，我们也支持 UUCP。UUCP 更便宜，一台一万美元的电脑，就可以使用 UUCP。但如果想要一个支持 TCP/IP 的设备，可能相当于今天的 50 万美元，这可不容易，没有多少人支持这个。不过大学很容易配置 50 万美元的设备。所以在韩国，我们可以选择。

---

① UUCP，是 UNIX-To-UNIX Copy Protocol 的缩写，中文名为 UNIX-To-UNIX 复制协议。UUCP 是为 UNIX 操作系统之间通过序列线来连线的协议，主要的功能为传送文件。

韩国也可以像日本一样，自己可以开发一个协议和计算机网络。日本人倾向于使用自己开发的大型计算机和协议，因而在很长一段时间里，他们犯了一个错误，制造了一个日本专有系统，而不是使用 TCP/IP。后来，TCP/IP 成为主流，他们就有点落后了。日本很富有，有那么多能干的工程师，本来可能会更好，但事实并非如此。澳大利亚人没钱买 50 万美元的 TCP/IP 的硬件设备，所以是以自己的软件为生，因为他们擅长开发软件。至于我们不好不坏，没那么多钱，也没有那么多工程师，却很幸运，因为站在现在的角度来看，选择 TCP/IP 是正确的决定。TCP/IP 意味着 TCP 和 IP 在一起协同工作，TCP 负责应用软件（如浏览器）和网络软件之间的通信，IP 负责计算机之间的通信，这为实现真正的互联网插上了腾飞的翅膀。因为 TCP/IP 独一无二，所以最后一统江湖，我们很幸运选择了它。

总的来说，亚洲也很幸运，因为许多亚洲国家都负担得起，能买得起设备。所以我们在韩国所做的一切都适用于中国和其他亚洲国家，否则可以看看亚洲其他地区。实际上，IBM 当时正在推广其大型网络，这是 IBM 协议的一部分，但前提是必须有 IBM 主机。我记得，当时 IBM 主机价值 100 万 ~ 200 万美元，换算成今天的价值是 500 万 ~ 1000 万美元的电脑。由 IBM 资助的大学，像香港大学、新加坡国立大学或许可以做到，不然没人能做到。我们做的网络和 IBM 做的差不多，但只要 4 万美元的电脑就可以做了。我想，从这个意义上说，我们真的是幸运的。

访谈者：您能分享一些挑战吗？遇到过哪些技术困难，或者其他重要的事情？

全吉男：可以。有很多技术问题，经常发生，但这对研究生是有好处的。他们必须研究所有问题，这些问题可能会成为他们的硕士论文，所以没关系。如果你没有研究生，那么可能有麻烦了，因为公司做研究不能浪费太多的人力资源。但是大学没关系，无论你成功或者失败，都可以写一篇硕士论文，比如讨论为什么它不起作用，这仍然可以是一篇硕士论文。我们有很多这样努力学习的好学生。这种研究开始肯定会出现很多的错误，就像阿帕网一样。最初，我们考虑为互联网进口路由器，路由器就是硬件设施。我们试图从美国进口路由器，成本大约是 25 万美元，换算成今天的价值大概是 200 万美元。但是我们无法进口，因为美国政府不允许将其路由器出口到任何国家。我告诉过你，去年或两年前有个人对我说："你很幸运，因为那时有很多这样的错误。如果你对它们感到厌烦，就会因为这些错误而饱受折磨。"他的话有点令我震惊，因为我觉得这没那么糟。

访谈者：还有其他重要的、值得被记住的故事吗？

全吉男：好吧，这是个很重要的想法。最初，我们在全球范围内所拥有的是 TCP/IP，是为研究界提供的，可供四五万人使用，都是我们彼此认识的人。针对普通人或商业服务，我们应该做出一个单独的网络，这个网络更安全、有保护、用户体验友好。但那并没有发生，这就是为什么我们在安全性上有这么多的问题。你看，电视新闻上说安全问题一直存在，但网络突然之间变得如此受欢迎，然后有商业公司开始使用它。我们说，“不要用它，如果等几年，我们就会有更好的网络”。但是商业公司为了发展不会等，只要能赚钱，它们就马上做，而当时唯一能使用的正确手段就是开放的 TCP/IP，可是开放的同时也代表着它根本没有任何安全性，从那以后我们就有了网络安全问题。所以我很抱歉，那时我们应该更加努力工作，再做一个正确的网络协议，但是我们没有做到。这些都是历史，也是为什么今天我们因为安全问题而饱受折磨。那时即使工程师彼此认识，硬件也是个问题。我们一般都没有钱，必须用硬件来实现输出最大化，根本就无法设置任何的安全措施。因为如果设置了安全性，速度就只有一半，这意味着我们必须花费两倍甚至三倍的钱，但我们没有钱。我们都在饱受折磨，不知道是否可以用其他方法来做，到底是选择输出速度还是安全性？无法两全其美。搞笑的是不久的将来，我们仍会饱受折磨。我们应该为一般人或商用目的做一个更合适的网络，但是这并没有发生。这就是历史。

访谈者：网络的主体是用户，那么用户想要怎么使用这个网络呢？

全吉男：用户一开始想要什么？好吧，阿帕网最初是用于文件传输的。你必须发送文件，从一端传输到另一端，还要做计算，确保文件被传达，这就是最初的目的。然后，我们开始使用网络来研究社区，使用了额外的电子邮件。电子邮件（原来）不是阿帕网中的组成部分，阿帕网只是用于文件传输。你知道，为了文件传输，我们得交流，如果一点一点地交流，那不太好。于是我们通过信息交流，信息就是电子邮件，后来大量的图像、模型成为主要的应用，到目前为止这还可以，没什么大问题。网络改变了一切。嗯，这一点完全正确。接着我们进入了完全不同的领域，我想我也不太明白，它超越了时空，那就是社交媒体，这是一个全新的软件，我们没想到，就像我用微信来聊天。我们在20世纪70年代有过聊天软件，但我当时就不喜欢。举个例子，如果有人发聊天信息给我，我是不会理会的。但社交媒体，比如微信及其应用，我不明白的是在这个领域中谁做得更好。在亚洲，包括韩国、日本和中国，我们是否做得和美国一样好？但是如果你在微信和 What's up（一款国外社交软件）上聊天，微信感觉会更好。这是一个不同的类别。怎么回事？因为我们是亚洲人，像中国人、日本人、韩国人，我们在这方面超越了美国人。这是我们不知道的。几乎所有其他方面，美国都更好，但是这个领域和任何基于这个领域的应用，比如支付宝、微信支付，美国都无法与我们相比。所以从某种意义上讲，我们的贡献可能超过了美国。在社交媒体上，我们跟美国是平等的，甚至更强大。但为什么亚洲区域，包括中国、韩国、日本的人们意识不到呢？就像你拿到博士学位后，还可以继续深入研究。为什么是这种情况？有什么问题吗？亚洲文化起到了什么样的作用？

由于在这方面的技术发展，美国现在也向中国购买技术，这在以前没有发生过，之前都是中国向美国购买技术，现在完全是一种反过来的情况。这真是一个非常有趣的领域，但它可能超出我们的研究范围，更多的是后面一代人研究的方向。你真的应该研究为什么是这种情况，什么是美国人做不到的，为什么我们能做到，虽然我们喜欢，但美国最终是否会赶上，这些都很有趣。区域研究，即使在中国、日本、韩国之间，也有一些微妙的区别。这是一个非常好、非常有趣的研究领域。好吧，这不属于计算机科学研究，更多的是文化方面的。

访谈者：那么，20 世纪 80 年代韩国互联网的发展状况怎么样?

全吉男：20 世纪 80 年代，我们发展了互联网，做了所有的实验，这对韩国很有好处。我们甚至几乎设计了域名系统，因为最初韩国没有任何域名系统，我们也无法得到任何域名软件，不能从美国拿来（美国就不给我们），所以我们开发了自己的域名系统，可以联网和管理。我们可以做很多的事情，这是非常好的经验。

事实上，1982 年韩国是走在世界前面的。当然，我们感觉很好，但影响力不大。我们影响力的发挥是在 1995 年之后，由于发展了宽带网络，在这一点上对世界产生了影响。美国在这一方面彻底失败了。美国戈尔[①]副总统有一个

① 艾伯特 · 戈尔（Albert Arnold Gore Jr，一般称为阿尔 · 戈尔），1948 年 3 月 31 日出生于华盛顿，1969 年毕业于哈佛大学。美国政治家，1993 年至 2001 年担任美国第 45 届副总统。曾经提出著名的“信息高速公路”和“数字地球”概念，引发了一场技术革命。由于在全球气候变化与环境问题上的贡献受到国际的肯定，戈尔获得了 2007 年度诺贝尔和平奖。

好主意，推出了“信息高速公路”项目，最初走在我们前面，但由于实施的原因，他们完全失败了。日本、德国，还有其他一些国家，都有自己的版本，但是都没有成功。而韩国则掀起了完美风暴，完全成功了。从那以后，韩国一直是高速互联网的前沿话题。自 1995 年以来，韩国网速总是保持在世界前三名。即使在今天，韩国在高速网络方面都是数一数二的。所以，从现在来看，我所主持的全局计划做得还不错。

例如，与美国失败的原因相比，韩国成功的原因很简单，韩国没有垄断，垄断不利于创新。美国和日本一样，网络被实体组织垄断。在日本，所有这些背景只有实体组织能够拥有，没有个体能合法拥有它，所以没有竞争。在韩国，我特别想说，我们有竞争对手，其中一家是韩国电信，跟 AT&T[①]一样，这是韩国一家主要的电信公司。那我们得再做一个，以便和它竞争。我们选择了一家电力公司，因为每个电力公司都需要大量的通信线路。当时我们

① AT&T，全称为 American Telephone & Telegraph，即美国电话电报公司，是一家美国电信公司，成立于 1877 年，曾长期垄断美国长途和本地电话市场。

使用的是光纤，用户可以使用，这是一个好的时机。所以韩国电信和我们，两家之间一直在竞争。竞争带来的好处就是产品性能提高了，而价格下降了。所以今天韩国有世界上最好的高速网络之一。我坚持反对垄断，提倡竞争，我想这也给中国带来了影响，中国在这方面有三家竞争对手，中国电信、中国移动、中国联通，所以这样更好。

访谈者：那么对于亚洲互联网来说，您有什么发现呢？日本或韩国，哪个国家最先发展互联网？

全吉男：正如我告诉过你的，如果你说的是国内网络，韩国的是 1982 年，日本的是 1984 年，村井纯创办了日本大学网（Japan University Network，缩写为 JUNET）。1986 年村井纯尝试运行 TCP/IP，但是没有成功。因为日本政府的法规根本不允许，所以没能连接，而且那些大学也没有钱。韩国也没有钱，因为连接美国需要支付每年大约 50 万美元或更多的费用，我们并不那么富有。不过在互联网上与美国连接，澳大利亚和日本是第一批，在 1989 年，澳大利亚和日本首先连接到美国 NSFNET [①]主干网。NSFNET 本质上是一个连接学术用户和阿帕网的网络，并成为推动 20 世纪 80 年代全美和全球大学之间联网的主导性力量。

所以要看你怎么定义最先联网。20 世纪 80 年代是互联网奠定全球化基础的关键时刻。1981 年，美国国家科学基金会[②]提供资助建立美国计算机科学网[③]，为大学中的计算机科学家提供网络服务。而我们平时说的国内网，就像在大学里一样，能不能用互联网呢？这是最重要的。用什么协议，对我来说是次要的。1986 年，协议大战全面爆发，

---

① 20 世纪 80 年代中期，为了满足各大学及政府机构为促进其研究工作的迫切要求，美国国家科学基金会在全美建立了 6 个超级计算机中心。1986 年 7 月，美国国家科学基金会资助了一个直接连接这些中心的主干网络，并且允许研究人员对网络进行访问，以使他们能够共享研究成果并查找信息。最初，这个美国国家科学基金会资助的主干网采用的是 56 Kbps（千比特每秒）的线路，到 1988 年 7 月，它便升级到 1.5 Mbps（兆比特每秒）线路。这个主干网络就是 NSFNET。

② 美国国家科学基金会（National Science Foundation，缩写为 NSF）。美国独立的联邦机构，成立于 1950 年。任务是通过对基础研究计划资助，改进科学教育，发展科学信息和增进国际科学合作等办法促进美国科学的发展。

③ 美国计算机科学网（Computer Science Network，缩写为 CSNET），由美国国家科学基金会于 1980 年创建，现已并入 CREN 网。

欧洲推行开放式系统互联[①]，而美国当然是 TCP/IP。

美国国家科学基金会拿出巨额资金，资助新的骨干网络建设，并积极资助和推动全球高校和科研体系与其联网，使得 TCP/IP 在百余种竞争的网络协议中脱颖而出，NSFNET 也最终超越其他各类网络。而中国之所以晚些联网是因为美国政府不愿意，当时还是冷战时期，互联网骨干网最早是由美国国防部的网络与美国国家科学基金会的网络合并而来，当时尚未完全摆脱原始的军方背景，骨干网上面有很多美国政府部门，也包括一些军方组织。所以美国方面顾虑很多，政策上不允许中国连接进去。此外，中国也没有钱。所以最初唯一能用到的网络，就是德国的网络。

德国和中国之间的连接是如何进行试验的？中国很聪明，就是拨号连接，尽管在另一个互联网上原来的目的是不同的，但德国的网对所有的网络流量都足够了。中国科

---

① 开放式系统互联（Open System Interconnection，缩写为 OSI），国际标准化组织（ISO）制定了开放式系统互联模型，该模型把网络通信的工作分为 7 层，分别是物理层、数据链路层、网络层、传输层、会话层、表示层和应用层。

研网[①]通过德国科研网[②]的网关，开始与国际计算机网络沟通。那么，我们和美国谈判，美国连接德国，德国连接中国，这个过程本身就是一个非常有趣的故事。你应该邀请斯蒂芬·沃尔夫来解释这是怎么发生的。

访谈者：是的。事实上，斯蒂芬·沃尔夫在华盛顿的一家酒店里向我们解释过。

全吉男：明白了。我问他："你为什么不解释一下？"他说："不，不，我会的。"所以如果你是一个小团体，就问他到底发生了什么。实际上，斯蒂芬·沃尔夫给德国写了一封信，说让中国加入美国计算机科学网是可以的。但白宫要求他不要寄那封信。你知道发生了什么吗？他假装没有收到白宫的通知，尽管那有点蠢，白宫刚刚告诉了

---

① 中国科研网（China Research Networking，缩写为CRN），由位于北京的电子部（现为信息产业部）第15研究所和电子部电子科学研究院、位于成都的电子部第30研究所、位于石家庄的电子部第54研究所、位于上海的复旦大学和上海交通大学、位于南京的东南大学等单位联合建成。1989年5月，中国科研网通过当时邮电部的X.25试验网（CNPAC）实现了与德国科研网的互联。

② 德国科研网（DFN），它将大学和研究机构相互联系起来，并已成为欧洲和世界研究与教育网络共同体的一个组成部分。

他。这个记录是能看到的。尽管如此，如何证明收到了或没有收到通知呢？他所做的是，实际上他收到了，然后把通知信件放进了垃圾箱。“不，我没有收到。”哈哈！这太棒了！哈哈！我的意思是，即使白宫说“别动！不要发送”，只要不出什么问题的话，你就不会发送，你只是开个会而已。那你该怎么办？垃圾箱是什么？所以我告诉过他一两次，把这个故事告诉中国人，但我知道这不容易理解，像那些来自白宫的电话，你就是不理吗？好吧，你能想到可能会发生的事，会被搁置。现在有些官僚作风是这样的，一些工作可能会拖延好几年。

与此同时，我们准备中国和德国连接所需要的一切，帮中国部署 TCP/IP 以及与世界其他地区的连接。1990 年德国科研网和中国科研网、清华大学校园网（TUNET）建立互联。1993 年年底，美国国家科学基金会同意中国接入主干网。一旦被允许，那么下一个 IP 连接只不过是时间的问题，因为我们移除了最基础的障碍，用来争辩的理由也是很简单的：这是学术网络。但具体的你应该直接问斯蒂芬·沃尔夫，他有正式记录的文件。没有他，这是不可能实现的。因为他来自美国国防部，是美国国防部派往美国国家科学基金会的，所以他和美国国防部沟通没有问题。只要能和美国国防部沟通，那么美国的其他部门都是次要的。所以从这个意义上说，中国是非常幸运的，如果是其他人在这个位置上，你知道可能是做不到的。

访谈者：您说还有一个德国人也被派往中国？

全吉男：是的，德国的维纳 · 措恩[①] 教授。他在中间联系，但真正的决策者是斯蒂芬 · 沃尔夫。因为措恩只是写了那封信，我们都希望看到中国加入美国计算机科学网。1987 年 11 月 8 日，斯特芬 · 沃尔夫表达了对中国接入国际计算机网络的欢迎，并将该批文在普林斯顿会议上转交给中方代表杨楚泉[②]先生。这是一份正式的也被认为是“政治性”的认可，中国加入美国计算机科学网和美国大学网。

访谈者：这封信是斯蒂芬 · 沃尔夫写的？

---

① 维纳 · 措恩（Werner Zorn），1942 年出生，计算机科学家，德国互联网先驱，被公认为“德国互联网之父”。德国卡尔斯鲁厄大学信息计算中心负责人，他的研究团队创建了将德国连接到互联网的基础设施。1987 年 9 月 20 日，措恩教授帮助中国从北京向海外发出中国的第一封电子邮件。2013 年，入选国际互联网名人堂。

② 杨楚泉，高级工程师。浙江鄞州区人。1957 年毕业于哈尔滨军事工程学院装甲兵工程系。主持我国第一代水陆坦克的设计与研制，并负责第二代水陆坦克的论证、设计与研制工作。

全吉男：他只是说："为什么不呢？"因此，这封书面信被交给了白宫，这是一个行政程序。白宫的电话是这么说的，拖延它。因为当时是冷战时期，所以这并不容易。斯蒂芬·沃尔夫却将其付诸实施——在全球范围内保持 IP 连接，这实际上是最基本的。美国官方立场称，1986 年以前国际上没有 IP 连接。

我和斯蒂芬在都柏林谈过这一点。我说："你不认为现在是时候改变美国的政策了吗？"然后他看了看，说："好吧，我来做。""那要多长时间？""给我几个月吧。"

因为他需要联系美国国防部，再联系一两个地方。1986 年，他开始联系了。

访谈者：那么，您如何评价亚洲过去 50 年对互联网发展的贡献？

全吉男：你知道，我昨天做了一个讲座，是关于社交网络的。是的，亚洲是互联网应用的主要参与者。总的来说，我们与美国不相上下。但是对于社交媒体，我想我们领先于美国，就像那个特殊的支付宝，我们在社交媒体的应用上做得很好。这是个好的标志。那些一般的应用程序，我们是与美国不相上下的，不过纯技术方面，我们没有超越它。美国仍占据主导地位。还有在一些社会政策领域，欧洲最好，就像隐私数据方面，欧洲的贡献比我们多。欧洲擅长这些政策领域的工作。

访谈者： 您能不能把美国和欧洲的贡献做个比较？

全吉男： 我们看到在技术方面还是美国更强，但是政策技术像 GDPR[①] 或者隐私方面，欧洲肯定领先。一般来说，像数据领域，比如数据隐私领域，欧洲是领导者。所以我总是说，百分比是多少？现在我们是一种互补的努力。当然，我们应该做得更多。即使是技术领域，我想我们也可以做出更多贡献。还有，我来批评批评中国，不是一切都是好的。中国仍然不明白自己已经是世界第二了。在互联网方面的智慧中，中国许多方面已是世界第一。那中国是作为头号人物或者二号人物做出贡献了吗？没有。像这样的做事风格就是第三号人物了。为什么我们要谈论贡献呢？你必须成长，必须意识到，自己马上就是第一或第二了，必须做出相应的贡献。

---

① GDPR，即《通用数据保护条例》(General Data Protection Regulation)，为欧盟的条例，前身是欧盟在 1995 年制定的《计算机数据保护法》。2018 年 5 月 25 日，欧盟出台《通用数据保护条例》。

访谈者：那您如何定义贡献呢？

全吉男：好吧，可以这么说，一旦你开始做贡献，如果全球出现任何问题，那么你应该发展成为主要的参与者，而不是次要的、小的参与者。因为如果你是客观上的第一或第二，你必须要做出相应的行为。而不是认为自己仍然像 10 年或 20 年前很弱的样子，现在的情况不是那样子了，你该长大了。目前，亚洲的互联网用户占全球互联网用户的比例已经超过 50% 了。

访谈者：您认为我们应该扮演更重要的角色或者扮演应有的角色？

全吉男：没错。不仅仅是中国，甚至印度也该如此，在适当的角色下发挥更大的作用，因为到目前为止，印度的总人口是世界第二。如今他们也应该相应地行动起来，但他们并没有那样做。所以我们要在亚洲开会，应该意识到我们不仅仅是世界网民的一半，应该把精力花在我们没有做的事情上。再说中国，应该比印度准备得更充分，中国有专门的互联网组织机构[①]，而印度没有。当要召开一个全球会议时，印度不知道该怎么做，但中国知道该怎么做。每次有一些重大的问题，中国可以设立专门的研究小组，起草文件、出版论文，以及任何输出的东西，被帮助的人会很感激，开始可能不顺利，但最终他们会很感激。因为没有中国，它就无法运转了。这是中国必须经历的一种成长的痛苦。现在是时候了。

访谈者：您如何看待亚洲互联网的未来呢？

全吉男：你知道，我就是这么说的，网络应用，我们在全球范围内做得很好。既然亚洲已经有超过 50% 的世界网民人数，我们就必须相应地改变我们的立场，这就是现在的情况。我知道口头上说或批评都很容易，但做起来就不是那么容易了。这不容易实现，因为随时可以有不做的借口。我们的英语不如英国人或美国人，甚至没有法国人或德国人那么好，但你必须得输出，发出亚洲的声音，起

① 指中国互联网络信息中心（China Internet Network Information Center，缩写为 CNNIC），它是经国家主管部门批准，于 1997 年 6 月 3 日组建的管理和服务机构，行使国家互联网络信息中心的职责。

到我们该起的作用。

访谈者： 您能分享一下与中国互联网界合作或互动的故事吗？

全吉男： 我与中国互联网界的互动，这真是一个很长的故事，从20世纪80年代后期就开始了。1994年，北京第一次互联网会议，你知道胡启恒[①]吧？我主持了那次会议。这是一个很好的经验，大家互相学习。除此之外，我很惊讶中国在互联网领域如此积极。我认为中国可能会更被动，但事实并非如此。从那以后，中国就有了一个势头，一个系统的、令人印象深刻的、非常一致的势头——中国不是亦步亦趋。有些国家有时会改变立场。中国也有自己的缺点，但是在互联网发展上一直非常一致，一直努力向前，这很好。再说缺点，每个国家都有缺点，有缺点并不

---

① 胡启恒，1934年出生于北京，陕西榆林人。1994年当选中国工程院院士。曾任中国自动化学会理事长、中国计算机学会理事长、中国科学院副院长、中国互联网络信息中心工作委员会主任委员等。2001年被选为第一届中国互联网协会理事会理事长。2013年入选国际互联网名人堂，成为获得全球互联网最高荣誉的首位中国人。

代表着真的没有效率。相反，要从更积极的方面考虑。实际上，我更担心的是印度，因为它几乎和中国一样大，人口已经排在世界第二位，它还没有准备好。所以如果有什么事，当我需要跟中国对话时，我知道该跟谁说；但是印度，我不知道该找谁。

访谈者：能多说一些吗？

全吉男：你知道，在每个领域，都知道该和谁探讨，该和谁联系。但是印度不行，几乎任何一个领域，我们都不知道该找谁谈。比如说在科学研究和教育方面有两个机构是公认的，哈佛大学是其中一个，另一个是美国计算机科学网，这两个机构拥有学术界的资深人士，很明显该找他们。如果是安全方面的问题，我们知道该找谁谈。有疑虑的地方或者其他方面，我们也知道可以联系谁。当然对方可能不同意与我们合作，那是另一个层次的问题，但至少我们知道该和谁谈。可是在印度，我们甚至不知道该联系谁。

访谈者：在IT领域雇用一些专家呢？

全吉男：这样不行，这是一种非常中国式的思维方式。通常来说，印度是一个非常个人主义的国家——个体只代表自己，而不是印度。即使是这样，我们也得和印度合作。如果我和一个印度人说“我能和你合作吗?”，如果他有同伴，他会同意；如果他没有同伴，他不会同意合作。在很多情况下，我不是在谈论一个特定的人，我是在谈论一个代表印度的人。或许你可以说那太民主了，那我们拿英国做比较。英国是一个非常民主的国家，但我们知道该找谁谈。如果他不是这个话题的合适人选，他就会告诉我们该找谁，还有理由是什么。

访谈者：是不是印度政府不太关注 IT 行业?

全吉男：不，不是这样的。我们有几个案例。我们真的很想和印度的某个人谈谈，但是行不通。印度和中国很不一样。在亚洲，印度和中国显而易见是两个主要的国家，两个人口大国，如果它们能很好地沟通，那么其他国家就简单得多。就像韩国扮演什么角色，日本扮演什么角色，很简单。但如果这两个主要的国家互相不沟通，不是因为你们在打架或者不喜欢对方，就是不交流，这也行不通。欧洲很简单，欧洲可能会这么做，像英国、法国和德国这三个国家，它们会交流，会想出一些办法。但亚洲还有很长的路要走，中国还没有准备好扮演第一的角色、协调亚洲的角色。但中国又必须非常小心，对吧？否则许多国家可能认为中国霸权（笑），有时是不容易的。印度不会采取行动。日本也不可以不动，因为日本是发达国家，国家也不小，有一定的能力。只是这就是亚洲的问题。

访谈者：除了胡启恒和李星①之外，还有其他与您密切合作过的中国科学家吗？

全吉男：很多，最开始认识的一批人，大约是1987年，其中一些人去世了，比如钱天白，他是我第一个接触到的中国人，我在德国见过他。我们在德国参加一个会议，欧洲网络和信息安全局② 举办的互联网大会，就像亚太网络工作组一样，这些会议就是网络小组，准确地说是所有大学的网络小组会议。

访谈者：这次会议是关于美国计算机科学网？

---

① 李星，清华大学电子工程系教授，博士生导师。清华大学本科毕业后留学美国，获博士学位，1991年回国。自1994年担任中国教育和科研计算机网的主要技术负责人，设计建设了“中国教育和科研计算机网示范工程”。现任洲际研究网络协调委员会联合主席。曾任亚太网络工作组主席，亚太网络信息中心理事会委员。

② 欧洲网络和信息安全局（ENISA），创立于2004年，总部位于希腊雅典。它是一个欧盟机构，一直致力于维护欧洲网络安全。

全吉男： 不，这个会议比美国计算机科学网早得多。很简单，钱天白去拜访措恩教授，所以他和措恩教授一起来开会。那时我在剑桥大学，所以我去开会了。那是偶然的相遇。

访谈者： 那是哪一年？

全吉男： 1987年或1988年。我们有一个欧洲会议。当时只有我们两个东方人，亚洲人。所以我问“你从哪里来？”，他说“我来自中国”。我问他为什么来这里，他告诉我是措恩教授邀请他来的。所以钱天白是一个。另一个是钱华林[①]，是钱天白的好朋友，这样我就被介绍认识了，还有一位名叫马影琳[②]的女士，她与钱华林一起工作，还是他的上司。

大学那边，有吴建平[③]、李星，很久以前就认识了。还有，

---

① 钱华林，1940年12月生，中国科学院计算机网络信息中心研究员，曾任中国科学院网络信息中心副主任，中国国家顶级域名的技术联络员、行政联络员。2014年入选国际互联网名人堂。

② 马影琳，曾任中国科学院计算机技术研究所网络研究室主任。

③ 吴建平，生于1953年10月。清华大学计算机科学与技术系教授，博士生导师，清华大学信息网络工程研究中心主任，中国教育和科研计算机网专家委员会主任及网络中心主任。

胡道元[①]是最初的联系人。此外，他还为我的书《亚洲互联网史》写了一篇文章，提供了所有关于中国的最新情况。

访谈者：您能分享更多关于钱天白的故事吗？

全吉男：好的，我最初在欧洲的Telenet（远程网）工作坊见到他。当时，他在美国做一年的访问学者，我在剑桥大学，也很忙，我们聚了聚。在1989年回国后，我和他在中国的一个计算机研究所见了面，他介绍钱华林，还有之前我不认识的一位学术高级小组成员给我认识。我们就是这样开始合作的。当时最大的问题是如何连接到互联网，他们不得不联系措恩教授。我从20世纪80年代中期开始认识了措恩，那时中国才开始准备联网。

还有什么大事呢？嗯，那件大事发生在1994年，我们决定成立自己的亚太网络工作组，并决定在中国举办会议，因为这次参加会议的人都是亚洲人。令人惊讶的是中国非常积极，像大学组和学术高级小组都加入了，很了不起，

---

① 胡道元，清华大学计算机系教授，博士生导师，中国教育科研计算机网高级顾问，国际信息处理联合会通信系统技术委员会（IFIP-TC6）中国代表。

所以中国接入互联网只是时间问题。我们在第一次会议上讨论，这在中国算是一个真正的互联网开端。然后我开始与很多来自清华大学、北京大学、复旦大学的人见面。哦，这非常好。不幸的是钱大白已经过世了。

访谈者：您怎么看胡道元？

全吉男：胡道元是个很友善的人，对于我们来说，教育网[①]是非常重要的，他是对接的人员，一切都进行得很顺利。后来他退休了。清华大学有一套制度：一旦你退休，就得远离教育网的操作，后来他成为一家网络安全方面的公司——清华得实公司的董事长。然后我去拜访他，问了他那些文章，他是第一个为亚洲互联网史写文章的人。还有胡启恒女士，她会写诗。哈哈，太棒了，太棒了。嗯，是的，很了不起。

访谈者：您如何看待世界数码论坛的成立？

---

① 教育网，即中国教育和科研计算机网（China Education and Research Network，缩写为 CERNET），是由国家投资建设，教育部负责管理，清华大学等高等学府承担建设和管理运行的全国性学术计算机互联网络。1996 年被国务院确认为全国四大骨干网之一。

全吉男：哦，这是一个挑战。我支持它的原因是我喜欢挑战。本来不必做这个论坛，这是一个重大的任务，可能成功，也可能失败，但没关系。这是个挑战，我喜欢那些想做事的人。重要的是你应该有去迎接挑战的意图，就像爬山一样，如果说太难了而不去做，那就没用了。当然做这件事也不容易。

让我们试想一下，这个论坛在中国或亚洲任何一个国家都取得了完全的成功。我们肯定会遇到失败，但不应该放弃，重要的是应该有足够的精力去承担。我们做这些试验，希望最终会有结果出来。例如，我们在韩国建立互联网后，立即决定在首尔召开一个国际会议 PCCS①，当时是 1985 年。后来我们发现，这是世界上最早的互联网会议，是由韩国发起的。由于第二次全球互联网会议是在 20 世纪 90 年代召开的，所以这次会议非常超前。韩国发起这次会议的原因很简单，我很关心这次会议，我关心韩国，我想把很多韩国人送到海外去学习互联网方面的理论，或者

① PCCS，指太平洋计算机通信研讨会，全称为 Pacific Computer Communications Symposium，1985 年在韩国首尔召开，由全吉男发起，是世界上第一次全球互联网会议。

邀请几百个国外互联网专家到韩国来，这样韩国人和国外互联网专家就会碰面，这相对更容易一点。那时，韩国人很难出国旅行，只能邀请所有国外的人来韩国。最初我们只考虑邀请美国专家，后来欧洲专家也决定来。无论如何，这次会议很成功，来自亚洲、欧洲和北美的300名专家参加了这次会议。

我的想法是，无论会议成功与否，第一次会议可以是任何一种方式，就像一个复杂的例子，由于过程是如此成功，以至无法复制第二次这样的会议。因为日本想这么做，但他们没有信心做到像第一次一样成功。然后在韩国，其他的人也打算做第二个，但是他们说要取得像第一次那样的成功实在太难了。所以成功可能是好的，也可能是不好的。重要的就是给自己承诺的能量，坚持做！最后，可能你有一个好开端，但在过程中还是会经历很多的考验才能成功，无论如何你必须向上、努力。我看到很多人中途放弃了，希望大家不要放弃，继续坚持，最终一定会成功的。中国需要成功，要有信心。这不容易。毕竟日本做不到，现在它已经没有精力了。所以这是中国的时代。

访谈者：我做这个（互联网口述历史）项目，也和您有关系。因为您，我才有勇气坚持。

全吉男：不，是你有精力，精力充沛。你的团队有活力，这是必要的条件。

访谈者：所以您的第一次韩国会议是在 1985 年？

全吉男：你可以阅读我的《亚洲互联网史》，这本书里有非常详细的解释，比如我们为什么这么做。这个模式最终被互联网所取代。但美国人花了大约 5 年的时间甚至更长时间，在 1988 年或 1989 年才想出类似的东西，而韩国的互联网是在 1985 年。我们碰到的问题几乎是一样的，我想我们想到了，也做到了，而且干得漂亮！所有这些都是韩国人完成的。当时还有很多日本人也来参会了，他们就住在隔壁。

访谈者：没有中国人参加？

全吉男：没有。中国那时还没准备好，我也没有联系人。钱天白，我和他在 1987 年才第一次相遇，而这次会议是 1985 年开的。如果我那时认识他的话，我可能会邀请他。但是我们当时还不认识，所以没法邀请他。

访谈者：日本有哪些人参加了那个会议呢？

全吉男：很多。大约 20 个人或者更多人从日本过来，他们有点震惊，因为突然发现了互联网的存在。在此之前，日本人从未参加过全球互联网会议。所以他们来参加会议后，决定参与全球性的会议。这对他们来说也是一次派对，此外澳大利亚人、新加坡人也是这样，他们也很喜欢这次会议，因为之前从来没有参加过这类会议，然后突然决定参加这样一个全球性的会议。

访谈者：我们另外再找个时间来谈谈您对互联网治理的贡献吧？

全吉男：好的。

访谈者：什么时候？

全吉男：你可以决定我什么时候去中国，或者巴塞罗那（哈哈）。巴塞罗那会举行一些会议，我在推动域名管理，互联网治理是一个核心问题。我去那里是因为在韩国互联网大会[①]成立的前一两年，那些会议有七八十个人，

---

① 韩国互联网大会（Korea Internet Conference），自1993年以来每年举行一次，最初被称为韩国网络研讨会，不仅介绍先进的网络技术，而且寻找IT领域的技术远景。

基本上都是欧美人。除了欧美人以外，就我和尼 · 奎诺[①]，还有一个来自墨西哥的人。然后，我说，噢，我的上帝，我必须代表世界上的其他地方，因为尼 · 奎诺很安静，那个墨西哥人也不说话。对不起，我必须代表其余的国家，九个西方国家是互联网治理的开始。我试着找到一位能人，他得是一名硅谷律师，会说一口流利的英语，还要了解互联网，但我找不到这样的人才。所以我别无选择，只能自己代表。例如，第一次韩国互联网大会，我与到会的人共享了域名、组织机构、资助机构。挺有意思的。

访谈者：我们可以再安排一次会谈来细说这个事。

全吉男：好的，我可以解释这些。也许你可以阅读《亚洲互联网史》第三册，里面有概述，就是互联网治理的概述，有详细的描述。

---

① 尼 · 奎诺（Nii Quaynor），"非洲互联网之父"，全球互联网治理委员会专员，国际互联网名人堂入选者。

全吉男访谈手记

方兴东

“互联网口述历史”项目发起人

全吉男是谁？中国大多数人不熟悉。但是，互联网界一提起他，都会有特别的印象。要概括他的地位和风格，毛伟有个说法很形象：“在全球互联网的舞台上，20世纪90年代是我的老师胡启恒、钱华林等和全吉男一起混，后来是我和他一起混，再后来是我的学生和他一起混，现在是我学生的学生跟他一起混。”可见全吉男的江湖地位，以及不一般的资历和非同寻常的干劲。

2018年11月13号，在巴黎举行联合国互联网治理论坛（IGF）期间，“韩国互联网之父”全吉男对我们“互联网口述历史”这支队伍高度赞赏。他说：“观察下来，你们充满激情和能量，之前也有其他人做一些互联网访谈，但只有你们这支队伍真正能够完成全球范围的访谈工作。你们不做，就没有人能够做到。”（如此高度的评价让我们有点压力山大。）

他主动表示，接下来要和我们进行全球合作，会全力支持我们工作的进一步深入开展。这当然非常给力，要知道，全吉男是亚洲在全球网络治理领域最活跃的先驱性人物，在全球比较有影响的 100 多个网络治理机构中，他牵头和参与发起的就有 15 个之多，他的支持是非常难得的助力。

当然，真正接触下来，我很快感受到了压力。无论是访谈全吉男还是与他合作做事，都不是一件轻松的事情。他的认真、他的严谨、他的节奏，超越了我们日常习惯的一切。

2019 年 2 月，亚太互联网络信息中心在韩国大田市召开第 47 届会议。我们来参加的很大一个原因是见全吉男。2018 年 11 月在巴黎联合国互联网治理论坛上我们跟他说好，2019 年要一起好好谋划一下。所以，才有了这次会面。我们 2 月 17 日抵达大田，按理说，全吉男是大田的“地主”，应尽地主之谊，但是他由于平时住在首尔，所以直到 19 日才姗姗来迟。但是，约好见面的时间就是他办理酒店入住的时间，倒是分秒必争。

20日，全吉男抽出两次时间与我们进行进一步沟通。他除了开会，下午2点要去游泳，这是每天雷打不动的。所以，我们利用中午吃饭时间，与清华李星老师一起，讨论了一个多小时。20日下午6点以后，他要坐火车回首尔，几天后再回来开后面的APRICOT（亚太区域互联网操作技术会议）和亚太互联网络信息中心的会议，我们在下午5点又开始了新一轮的讨论。

76岁的全吉男身体健硕，精神抖擞，除了游泳（他说自己平时每天至少游泳2个小时，还会做一些其他运动），他最大的爱好还是登山运动，是真正的专业级水平。当年在工程师和职业登山家之间做选择，他差一点就与互联网失之交臂。

亚洲互联网领域的先驱中，他肯定是最活跃也是最具影响力的。通过这两天三次的沟通，我们可以看出，全吉男的分析和判断清晰明了，经验丰富老到。两天时间，这位“韩国互联网之父”至少给我上了四堂课。

21日上午，全吉男又发来邮件，说上午要再讨论一下。我还很诧异，他不是已经去首尔了吗？一问，原来是要和我们电话会议。于是，我们又在宾馆房间，聆听了他半个小时的指导，真是令人触动，也令人感动。两天时间四次交流，他做事的认真程度，对概念、术语的严谨把握，对细节和要点的敏锐，以及他的全球视野，都让我们惊讶。这位在第一线奋战40多年的互联网先驱，迄今依然冲锋在前，做事严谨细致，刻不容缓，步步紧盯，毫不松懈。

全吉男现在的研究重点是AI治理（AI Governance），之前他主要研究数字治理（Digital Governance），他说网络治理（Internet Governance）已经比较有局限性。我认真阅读了他最新的PPT（演示文档），他对当今前沿趋势的把握和最新知识的跟踪以及思考，都是非常深入和具有前瞻性的，这种与时俱进的精神和能力，都值得我们后辈认真学习。和他一比，我们的工作态度和工作精神真是让人自叹不如！

我们的韩国大田之行，因为全吉男而大有收获，且远超预期。我们与全吉男的四次讨论，值得回味的东西很多很多。这样的前辈，是多么宝贵、难得的财富！我相信，全吉男未来肯定能为我们中国互联网提供更多独特的贡献，未来我们的合作也肯定能够结出累累硕果。

2019年约好在洛杉矶的这次访谈有点特别。全吉男每年夏天都会去洛杉矶登山。这个习惯从他青年时期就养成了。我们半个月前和他约好了在8月25日访谈，那时他刚登山归来。24日，也就是我们约定时间的前一天，他邮件没回，电话没人接，我们心里还打鼓。经过之前与他的沟通交流，我们都知道他做事非常靠谱（这与长期高危的登山运动显然有关系，它需要严谨细致的计划和不折不扣的执行）。25日一早8点钟，看到他的邮件出现在我的微信提示中，我才如释重负。搞定！

洛杉矶的这次访谈，我们不仅完成了他个人第二次口述历史的访谈，更重要的话题是一起谋划共同干点事情。全吉男很给力，说这几年他观察我们的团队，觉得我们有干劲、有目标。他说虽然我们谋划的事业要做成功难度很大，但就像他登山一样，只要努力，不懈进取，一步一个脚印，就一定能够成功。所以，他愿意全力支持我们。有这样一位老当益壮的互联网先驱支持我们，我们感受到的鼓励和激励，可想而知。

3个小时的访谈，我们意犹未尽。作为亚洲最早从事互联网工作也是全球网络治理最活跃的参与者之一，全吉男的故事无疑是个宝藏。在访谈过程中，钟布甚至就给全吉男的访谈文字起好了题目——“站在山顶的亚洲互联网先驱”以及“与著名登山家一步之遥的亚洲互联网先驱”。

1966年，全吉男来到加州大学洛杉矶分校读硕士。1970年，接着读博士时，他还犹豫未来是当职业登山家还是教授。1969年10月29日，互联网的前身阿帕网就在加州大学洛杉矶分校成功发出第一个信号。他也通过课堂领略了“互联网之父”之一伦纳德·克兰罗克教授的风采。1982 年，他在韩国搭建了使用 TCP/IP 的网络，这是亚洲最早的互联网探索。1988 年他在德国参加欧洲互联网会议。他和中国的钱天白是最早出现在互联网国际会议上的亚洲面孔。全吉男在全球互联网界的人脉之广，也几乎是无人可比的。

和全吉男一起做事，要达到他满意的程度，几乎是不可能的。这让我们一下子把他和过去电影里“魔鬼教练”的形象直接对号入座。但是，他的细致、他的严谨，的确能让事情精益求精。我们深感自己做事的方式和态度与他存在不小的差距。要做成一流的事情，有全吉男加持，肯定靠谱，但首先要经得起他的检验，同时，还得让他真正满意。

“互联网口述历史”项目有他助力，是一件幸事！

方兴东和全吉男合影

方兴东、全吉男和钟布在交流

生平大事记

1943 年 1 月 3 日

生于日本大阪。

1965 年　22 岁

毕业于日本大阪大学，获得电机工程学学士学位。

1966—1967 年　23~24 岁

美国加州大学洛杉矶分校，获得计算机工程硕士学位

1967—1970 年　24~27 岁

在罗克韦尔 – 柯林斯公司担任计算机系统设计师。

1970—1973 年　27~30 岁

在加州大学洛杉矶分校，攻读系统工程博士学位。

1974—1979 年　31~36 岁

在美国国家航空航天局喷气推进实验室担任技术研究员。

1979 年　36 岁

回到韩国，在电子与电信研究所担任研究员，从事计算机系统开发工作。

1980 年　37 岁

获韩国 GIlIn 国家奖章。

1981 年　38 岁

开发了当时被称为软件开发网络的软件。

1982—2008 年　39~65 岁

担任韩国科学技术院计算机科学教授。

1982 年 5 月 15 日　39 岁

开发了韩国首尔大学和韩国电子与电信研究所之间的互联网系统。

1985年 42岁

太平洋计算机通信研讨会在韩国首尔召开，由全吉男发起，这是世界上第一次全球互联网会议。

1991年 48岁

成立了亚太网络工作组，该组织的唯一目的是推进亚太地区的网络建设。

1994年 51岁

创办韩国第一家互联网公司 Inet。

1995年 52岁

与宋在京（Jake Song）一起为韩国 NEXON 公司的“Nexus：The Kingdom of the winds”（风之国度）游戏和韩国 Neowiz 公司的众多游戏开发了一键式服务。

1997年 54岁

获韩国年度科学家奖及韩国信息传播部信息文化中心国家奖章。

1999 年　56 岁

成立亚太顶级域名联盟，负责监管非洲大陆的互联网域名。

2000 年　57 岁

创办 Networking 公司，帮助建立技术孵化器。

2002 年 7 月 25 日　59 岁

获韩国互联网大会成就奖（KRnet Achievement Award）。

2003 年 6 月 23 日　60 岁

获得世界技术峰会世界技术奖通信技术个人奖（World Technology Summit World Technology Awards Communicatin Technology Individual Award）。

2008 年　65 岁

从韩国科学技术院退休，成为韩国科学技术院名誉教授，北京大学客座教授，日本庆应大学湘南藤泽校区政策和媒体研究部教授。

2011年 68岁

获得由国际互联网协会颁发的乔纳森·波斯特尔互联服务奖。

2012年4月23日 69岁

入选国际互联网协会的互联网名人堂的“全球互联者”。

2017年 74岁

担任国际互联网名人堂顾问委员会成员。

“互联网口述历史”项目致谢名单

（按音序排列）

Alan Kay

Bernard TAN Tiong Gie

Bill Dutton

Bob Kahn

Brewster Kahle

Bruce McConnell

Charley Kline

cheng che-hoo

Cheryl Langdon-Orr

Chon Kilnam

Dae Young Kim

Dave Walden

David Conrad

David J. Farber

Demi Getschko

Elizabeth J. Feinler

Eric Raymond

Esther Dyson

Farouk Kamoun

Franklin Kuo

Gerard Le Lann

Gordon Bell

Håkon Wium Lie

Hanane Boujemi

Henning Schulzrinne

Hock Koon Lim

James Lewis

James Seng

Jean Francois Groff

Jeff Moss

John Hennessy
John Klensin
John Markoff
Jovan Kurbalija
Jun Murai
Karen Banks
Kazunori Konishi
Koichi Suzuki
Larry Roberts
Lawrence Wong
Leonard Kleinrock
Lixia Zhang
Louis Pouzin
Luigi Gambardella
Lynn St. Amour
Mahabir Pun
Manuel Castells
Marc Weber
Mary Uduma
Maureen Hilyard
Meilin Fung
Michael S. Malone
Mike Jensen
Milton L. Mueller
Mitch Kapor
Nadira Alaraj
Norman Abramson
Paul Wilson
Peter Major
Pierre Dandjinou
Pindar Wong
Richard Stallman
Sam Sun
Severo Ornstein
Shigeki Goto
Stephen Wolff
Steve Crocker
Steven Levy
Tan Tin Wee
Ti-Chaung Chiang
Tim o'Reily
Vint Cerf

Werner Zorn
William J. Drake
Wolfgang Kleinwachter
Yngvar Lundh
Yukie Shibuya
安　捷
包云岗
曹　宇
陈天桥
陈逸峰
陈永年
程晓霞
程　琰
杜康乐
杜　磊
宫　力
韩　博
洪　伟
胡启恒
黄澄清
蒋　涛
焦　钰
金文恺
李开复
李　宁
李晓晖
李　星
李欲晓
梁　宁
刘九如
刘　伟
刘韵洁
刘志江
陆首群
毛　伟
孟　岩
倪光南
钱华林
孙　雪
田溯宁
王缉志
王志东
魏　晨
吴建平
吴　韧
徐玉蓉
许榕生
袁　欢
张爱琴
张朝阳
张　建
张树新
赵　婕
赵　耀
赵志云

致读者

在“互联网口述历史”项目书系的翻译、整理和出版过程中，我们遇到的最大困难在于，由于接受访谈的互联网前辈专家往往年龄较大，都在80岁左右，他们在追忆早年往事时，难免会出现记忆模糊，或者口音重、停顿和含糊不清等问题，甚至出现记忆错误的情况，而且他们有着各不相同的语言、专业、学术背景，对同一事件的讲述会有很大的差异，等等，这些都给我们的转录、翻译和整理工作增加了很大的困难。

为了客观反映当时的历史原貌，我们反复听录音，辨口音，尽力考证还原事件原委，查找当年历史资料，并向互联网历史专家求证核对，解决了很多问题。但不得不承认，书中肯定也还有不少差错存在，恳切地希望专家和各界读者不吝指正，以便我们在修订再版时改正错误，进一步提高书稿内容质量。

联系邮箱：help@blogchina.com